Lothar Seiwert

30 Minuten

Zeitmanagement

© 2014 SAT.1, www.sat1.de
Lizenz durch ProSiebenSAT.1 Licensing GmbH,
www.prosiebensat1licensing.com

Bibliografische Information der Deutschen Nationalbibliothek

Die Deutsche Nationalbibliothek verzeichnet diese Publikation
in der Deutschen Nationalbibliografie; detaillierte bibliografische Daten sind im Internet über http://dnb.d-nb.de abrufbar.

Umschlaggestaltung: die imprimatur, Hainburg
Umschlagkonzept: Martin Zech Design, Bremen
Redaktion: Sandra Klaucke, Frankfurt/Main
Satz: Zerosoft, Timisoara (Rumänien)
Druck und Verarbeitung: Salzland Druck, Staßfurt

© 1998 GABAL Verlag GmbH, Offenbach
20. Auflage 2014

Hinweis:
Das Buch ist sorgfältig erarbeitet worden. Dennoch erfolgen alle
Angaben ohne Gewähr. Weder Autor noch Verlag können für
eventuelle Nachteile oder Schäden, die aus den im Buch gemach-
ten Hinweisen resultieren, eine Haftung übernehmen.

Printed in Germany

ISBN 978-3-86936-381-3

In 30 Minuten wissen Sie mehr!

Dieses Buch ist so konzipiert, dass Sie in kurzer Zeit prägnante und fundierte Informationen aufnehmen können. Mithilfe eines Leitsystems werden Sie durch das Buch geführt. Es erlaubt Ihnen, innerhalb Ihres persönlichen Zeitkontingents (von 10 bis 30 Minuten) das Wesentliche zu erfassen.

Kurze Lesezeit

In 30 Minuten können Sie das ganze Buch lesen. Wenn Sie weniger Zeit haben, lesen Sie gezielt nur die Stellen, die für Sie wichtige Informationen beinhalten.

- Alle wichtigen Informationen sind rot gedruckt.

- Schlüsselfragen mit Seitenverweisen zu Beginn eines jeden Kapitels erlauben eine schnelle Orientierung: Sie blättern direkt auf die Seite, die Ihre Wissenslücke schließt.

- *Zahlreiche Zusammenfassungen innerhalb der Kapitel erlauben das schnelle Querlesen.*

- Ein Fast Reader am Ende des Buches fasst alle wichtigen Aspekte zusammen.

- Ein Register erleichtert das Nachschlagen.

Inhalt

Vorwort

„Die Zeit ist wie der Wind: richtig genutzt, bringt sie uns an jedes Ziel." (Lothar Seiwert)

Erfolg bedeutet, die gesteckten Ziele ohne Umwege zu erreichen. Der Engpass in vielerlei Hinsicht ist jedoch die Zeit. Viel Energie und Zeit verpuffen, weil klare Ziele, Planung, Prioritäten und Übersicht fehlen. Zeitmanagement bedeutet, die eigene Arbeit und Zeit zu beherrschen, statt sich von ihnen beherrschen zu lassen.

Wenn Sie Ihre Zeit effektiv nutzen, gewinnen Sie in zweifacher Hinsicht:
- Sie steigern Ihre Arbeits- und Leistungserfolge und damit Ihr Einkommen. Auch hier gilt: *Zeit ist Geld!*
- Sie gewinnen mehr Zeit für andere wichtige Dinge, etwa Freizeit, Familie, Freunde, Fitness: *Zeit ist Leben!*

Zeit ist wertvoll

Zeit hat einen Wert. Die Zeit, die uns zur Verfügung steht, sollte eingesetzt werden, um berufliche und persönliche Ziele zu erreichen. Nur durch effektives Zeitmanagement können Sie Ihre täglichen Aufgaben und Aktivitäten bewältigen, ohne sich ständig überfordert und unter Druck zu fühlen. Sie werden weiterkommen und dennoch persönliche Zufriedenheit finden.

Erfolgreiches Zeitmanagement hängt vor allem von der richtigen *Einstellung* und von konsequentem Verhalten ab. Ausgefeilte Techniken und Methoden sind wichtig, können aber den Eigenantrieb nicht ersetzen. Ohne ein Mindestmaß an *Selbstdisziplin* geht es also nicht. Dies ist der Anteil, den Sie selbst einbringen müssen – jeden Tag! Schon Erich Kästner reimte: „Es gibt nichts Gutes, außer: Man tut es!"

Beginnen Sie jetzt!

Dass Sie dieses Buch zur Hand genommen haben, zeigt, dass Sie bereit sind, Ihren Umgang mit der Zeit zu überdenken und zu optimieren. In den folgenden Kapiteln werden Sie erfahren, wie Sie Ziele setzen und Ihre Zeitdiebe fassen. Die schriftliche Planung – mit Tagesplänen und eventuell einem Zeitplanbuch – hilft Ihnen, Prioritäten zu setzen und zu delegieren. Ein eigenes Kapitel befasst sich damit, wie Sie auch im Alltag bewusst mit Ihrer Zeit umgehen, und gibt Ihnen Hinweise zur Arbeitsorganisation und Tagesgestaltung.

Beginnen Sie mit der sinnvollen Nutzung Ihrer Zeit *sofort*, investieren Sie 30 Minuten, um diesen Band zu lesen! Diese halbe Stunde ist sinnvoll genutzt und wird Ihnen so manche Zeitverschwendung ersparen.

Ihr *Lothar Seiwert*
www.Lothar-Seiwert.de

Wie gehen Sie mit Ihrer Zeit um?

Der Nutzungsgrad des menschlichen Leistungspotenzials in der Wirtschaft wird nur auf 30 bis 40 Prozent geschätzt. Viel Zeit geht verloren, weil sie nicht effektiv eingesetzt wird, und Energie wird auf diese Weise sinnlos verschwendet.

Ermitteln Sie mithilfe der folgenden Checkliste, wo Ihre Schwächen liegen. Kreuzen Sie an, welcher Aussage Sie zustimmen:

	Stimmt	Stimmt nicht
Wie viele Berufstätige leide ich unter Zeitnot und *Arbeitsüberlastung* (Überstunden-Syndrom).	☐	☐
Ich fühle mich häufig *gestresst*. Oft müssen viele Dinge gleichzeitig erledigt werden. Die hohe Verantwortung, die enorme Arbeitsmenge, häufige kurzfristige Termine, die Vielfalt der Aufgaben und andere Leistungsanforderungen setzen mich unter Zeitdruck und Stress.	☐	☐
Oft arbeite ich nicht, sondern „*werde gearbeitet*." Ich kann dann nur noch reagieren. Rund um die Uhr nehmen mich Kunden, Chef, Mitarbeiter, Telefonanrufe und vielfältige Arbeiten in Anspruch mit dem Ergebnis, dass ich rotiere.	☐	☐

	Stimmt	Stimmt nicht

Ich verrichte meine eigentlichen Aufgaben häufig erst nach Dienstschluss. Tagsüber komme ich nicht dazu, weil es viele *Störmomente* gibt und ich durch Nebensächlichkeiten abgelenkt werde. ☐ ☐

Zwischen Arbeit und *Freizeit* besteht bei mir ein ständiger Konflikt. Die Zeit, die für Beruf und Überstunden draufgeht, kann ich nicht mit der Familie oder Freunden verbringen. ☐ ☐

Addieren Sie alle Kreuzchen in der Spalte „Stimmt", und lesen Sie in folgender Auswertung, wie gut Sie mit Ihrer Zeit umgehen.

Auswertung

0 – 1 Punkte: Sie haben keine besonders ausgeprägten Zeitprobleme. Lesen Sie trotzdem die nachfolgenden Kapitel, um Ihren Umgang mit der Zeit noch mehr zu optimieren.

2 – 3 Punkte: Sie befinden sich im Durchschnitt der Vielbeschäftigten. Überlegen Sie, ob Sie Ihre Ziele richtig gesetzt haben (vgl. Seite 25) und ob Sie Ihren Tagesablauf richtig gestalten (vgl. Seite 67).

4 – 5 Punkte: Sie sind ein richtiges Arbeitstier („Workaholic") und voraussichtlich ernsthaft gefährdet! Finden Sie heraus, wo Ihre Zeitdiebe liegen (vgl. Seite 14). Können Sie Prioritäten setzen und delegieren (vgl. Seite 55)?

30 MINUTEN

Wissen Sie, wie viele Stunden
verplanbarer Zeit Sie in Ihrem
Leben noch haben?

Seite 12

Kennen Sie die Zielsetzung und
Methoden des Zeitmanagements?

Seite 12

Ist Ihnen bewusst, wofür Sie Ihre
Zeit verwenden? Kennen Sie auch
Ihre Zeitdiebe?

Seite 14

1. Zeit nutzen – Zeitdiebe fangen

Zeit ist das wertvollste Gut, das wir besitzen – übrigens auch das meistbenutzte Hauptwort der deutschen Sprache. Zeit ist mehr wert als *Geld*, und darum müssen wir unser Zeitkapital sorgfältig anlegen. Wir können unser Leben als die Zeit beschreiben, die uns hier auf Erden zugeteilt ist. Unsere wichtigste Aufgabe im *Leben* ist es, soviel wie möglich aus dieser Zeit zu machen.

Zeit ist ein wertvolles Kapital
- Zeit ist ein absolut knappes Gut.
- Zeit ist nicht käuflich.
- Zeit kann nicht gespart oder gelagert werden.
- Zeit kann nicht vermehrt werden.
- Zeit verrinnt kontinuierlich und unwiderruflich.
- Zeit ist Leben.

Haben Sie sich schon einmal ernsthafte Gedanken über Ihre Zeit gemacht? Machen Sie sich den Wert der Zeit bewusst und bilanzieren Sie: Wieviel ist Ihnen eine Stunde Zeit Ihres Lebens wert?

Begrenztes Zeitkapital

Unser Zeitkapital ist begrenzt. Doch gehen Sie mit Ihrer Zeit ebenso sorgfältig um wie mit Ihrem Geld? Wie viel Zeit wir haben, wissen wir nicht im Vorhinein. Wir können nur schätzen: Auch bei einer höheren Lebenserwartung werden Sie nur noch über etwa 200.000 Stunden verplanbarer Zeit verfügen. Etwa noch einmal so viel Zeit, die wir eigentlich haben, können wir nicht beeinflussen: Sie vergeht beim Schlafen, Essen und ähnlichen Tätigkeiten. *Heute beginnt also der erste Tag vom Rest Ihres Lebens!*

 Zeit ist nicht vermehrbar und verrinnt unaufhörlich. Zeit ist Leben und äußerst kostbar.

1.1 Nutzen Sie Ihre Zeit!

„Es ist nicht wenig Zeit, was wir haben, sondern es ist viel, was wir nicht nutzen." (Lucius Annaeus Seneca) Die meiste Energie und Zeit verpuffen, weil klare Ziele, Planung, Prioritäten und Übersicht fehlen. Eine bessere oder gar optimale Nutzung Ihrer wertvollen und knappen Zeit erreichen Sie nur durch ein bewusstes, kontinuierliches und konsequentes Zeitmanagement!

Was ist Zeitmanagement?

Zeitmanagement bedeutet, die eigene Zeit und Arbeit zu beherrschen, statt sich von ihnen beherrschen zu lassen. Alle wirklich Erfolgreichen haben eines gemeinsam: Irgendwann in ihrem Leben haben sie sich einmal hingesetzt und über die Verwendung und den Nutzen ihres persönlichen Zeitkapitals gründlich nachgedacht.

Wenn das Leben als Ganzes erfolgreich sein soll, muss ein durchdachtes Zeit- bzw. *Lebenskonzept* dahinterstehen: Die Zeit, die uns zur Verfügung steht, muss bewusst eingesetzt werden, um berufliche und persönliche Ziele zu erreichen. Nur so kann ein direkter Zusammenhang zwischen der Bewältigung der täglichen Aufgaben und Aktivitäten einerseits sowie der persönlichen Zufriedenheit und dem eigenen Fortkommen andererseits hergestellt werden.

Erfolgreiches Zeitmanagement zeigt Ihnen neue Wege, wie Sie es schaffen,
- mehr *Übersicht* über anstehende Aktivitäten zu gewinnen
- konsequent *Prioritäten* zu setzen
- mehr Freiraum für *Kreativität* zu erhalten (agieren statt re-agieren)
- *Stress* bewusst zu bewältigen, abzubauen und schließlich ganz zu vermeiden
- mehr *Freizeit*, d.h. mehr Zeit für Familie, Freunde, Fitness und sich selbst zu gewinnen
- Ihre *Ziele* konsequent und systematisch zu erreichen, damit Ihr Leben Sinn und Richtung bekommt.

Wofür nutzen Sie Ihre Zeit?

Haben Sie sich schon einmal Gedanken gemacht, wofür Sie Ihre Zeit nutzen? Planen Sie sie, oder läuft sie Ihnen unter den Fingern davon?

- Besinnen Sie sich auf sich selbst: Für welche drei Aktivitäten werden Sie sich in Zukunft bewusst Zeit nehmen?
- Stellen Sie parallel dazu Ihren persönlichen Aktionsplan auf: Was werden Sie ab heute tun, um Ihre Zeit besser zu nutzen?

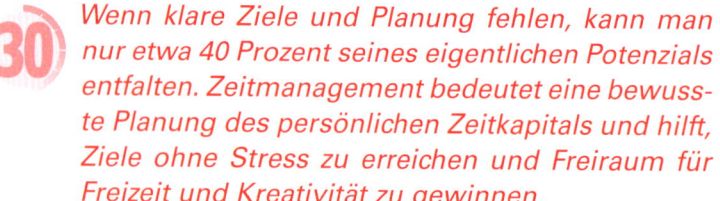

Wenn klare Ziele und Planung fehlen, kann man nur etwa 40 Prozent seines eigentlichen Potenzials entfalten. Zeitmanagement bedeutet eine bewusste Planung des persönlichen Zeitkapitals und hilft, Ziele ohne Stress zu erreichen und Freiraum für Freizeit und Kreativität zu gewinnen.

1.2 Fassen Sie Ihre Zeitdiebe

„Unsere Zeit wird uns teils geraubt, teils abgeluchst, und was übrigbleibt, verliert sich unbemerkt." (Lucius Annaeus Seneca)

Wenn es nicht so läuft, wie wir es erwarten oder planen, dann oft deshalb, weil zwischendurch immer wieder Störungen eintreten. An manchen sind wir selbst schuld, für andere Unterbrechungen ist unsere Umgebung verantwortlich.

- Haben Sie sich schon einmal die Kostbarkeit Ihrer Zeit vor Augen geführt? Machen Sie sich bewusst, was Sie täglich zwei „Störstunden" tatsächlich an Zeit kosten.

. . . .
. . . .

- Wer oder was stiehlt Ihnen die Zeit? Welches sind Ihre gewichtigsten Zeitdiebe und Störfaktoren?

. . . .
. . . .

Um Ihre Zeit effektiv nutzen zu können, müssen Sie zunächst analysieren, wo Ihre Zeitdiebe liegen. Welche Aktivitäten oder Umstände rauben Ihnen beständig wertvolle Zeit, bringen aber keine sinnvollen Ergebnisse, die diesen Aufwand rechtfertigen würden?

Ihre persönlichen Zeitdiebe

Die nachfolgenden Fragen helfen Ihnen, Ihre persönliche Arbeitssituation zu überprüfen und Störfaktoren genauer zu identifizieren. Bitte kreuzen Sie nach folgendem Schema an: ⓪ = Stimmt fast immer ① = Stimmt häufig ② = Stimmt manchmal ③ = Stimmt fast nie

Das *Telefon* stört mich laufend, und die
Gespräche sind meist unnötig lang.   ⓪ ① ② ③

Durch die vielen *Besucher* von außen oder aus dem Haus komme ich nicht zu meiner eigentlichen Arbeit. ⓪ ① ② ③

Die *Besprechungen* dauern häufig viel zu lange, und ihre Ergebnisse sind für mich oft unbefriedigend. ⓪ ① ② ③

Große, zeitintensive und daher oft unangenehme Aufgaben schiebe ich meist vor mir her, oder ich habe Schwierigkeiten, sie zu Ende zu führen, da ich nie zur Ruhe komme *(„Aufschieberitis")*. ⓪ ① ② ③

Oft fehlen klare *Prioritäten*, und ich versuche, zu viele Aufgaben auf einmal zu erledigen. Ich befasse mich zu viel mit Kleinkram und kann mich zu wenig auf die wichtigsten Aufgaben konzentrieren. ⓪ ① ② ③

Meine Zeitpläne und Fristen halte ich oft nur unter *Termindruck* ein, da immer etwas Unvorhergesehenes dazwischenkommt oder ich mir zu viel vorgenommen habe. ⓪ ① ② ③

Ich habe zu viel *Papierkram* auf meinem Schreibtisch; Korrespondenz und Lesen

brauchen zu viel Zeit; Übersicht und
Ordnung sind nicht gerade vorbildlich. ⓪ ① ② ③

Die *Kommunikation* mit anderen ist
häufig mangelhaft. Der verspätete
Austausch von Informationen, Missver-
ständnisse oder gar Reibereien gehören
bei uns zur Tagesordnung. ⓪ ① ② ③

Die *Delegation* von Aufgaben klappt nur
selten richtig, und oft muss ich Dinge
erledigen, die auch andere hätten tun
können. ⓪ ① ② ③

Das *Nein-Sagen* fällt mir schwer, wenn
andere etwas von mir wollen und ich
eigentlich meine eigenen Arbeiten
erledigen müsste. ⓪ ① ② ③

Eine klare *Zielsetzung*, sowohl beruflich
wie privat, fehlt mir; oft vermag ich in
meinem Tun keinen Sinn zu sehen. ⓪ ① ② ③

Manchmal fehlt mir die notwendige
Selbstdisziplin, um das, was ich mir
vorgenommen habe, auch durchzuführen. ⓪ ① ② ③

Addieren Sie die Zahlen aller Punkte, bei denen Sie Ihr
Kreuz gesetzt haben.

Auswertung

0 – 17 Punkte: Sie haben keine Zeitplanung und lassen sich von anderen treiben. Sie können weder sich noch andere richtig führen. Mit Zeitmanagement beginnt für Sie ein neues und erfolgreicheres Leben.

18 – 24 Punkte: Sie versuchen, Ihre Zeit in den Griff zu bekommen, sind aber nicht konsequent genug, um damit auch dauerhaft Erfolg zu haben.

25 – 30 Punkte: Ihr Zeitmanagement ist gut – und kann noch besser werden.

31 – 36 Punkte: Gratulation – wenn Sie ehrlich, sich selbst gegenüber, geantwortet haben! Sie sind ein Vorbild für jeden, der den Umgang mit der Zeit lernen möchte. Lassen Sie andere von Ihren Erfahrungen profitieren, und geben Sie dieses Buch weiter.

1.3 Die Mind-Map-Methode

Mind Mapping wurde von dem englischen Gehirnforscher Tony Buzan zu Beginn der 70er-Jahre entwickelt. Es ist eine Methode, mit der sich Ideen und Gedanken übersichtlich strukturieren und systematisch bearbeiten lassen. Eine Mind Map (eine „Gehirnkarte") zeigt bildhaft organisierte und methodisch strukturierte Schlüsselwörter.

Netz persönlicher Zeitzwänge

Jeder Mensch ist einem Beziehungsgeflecht von Anforderungen, Rollen und Betätigungsfeldern aus verschiedenen Lebensbereichen unterworfen, die er erfüllen will bzw. muss – oder glaubt erfüllen zu müssen. Jede dieser Verpflichtungen fordert und erfordert ihre Zeit. Mithilfe einer Mind Map lassen sich diese unterschiedlichen Anforderungen übersichtlich darstellen:

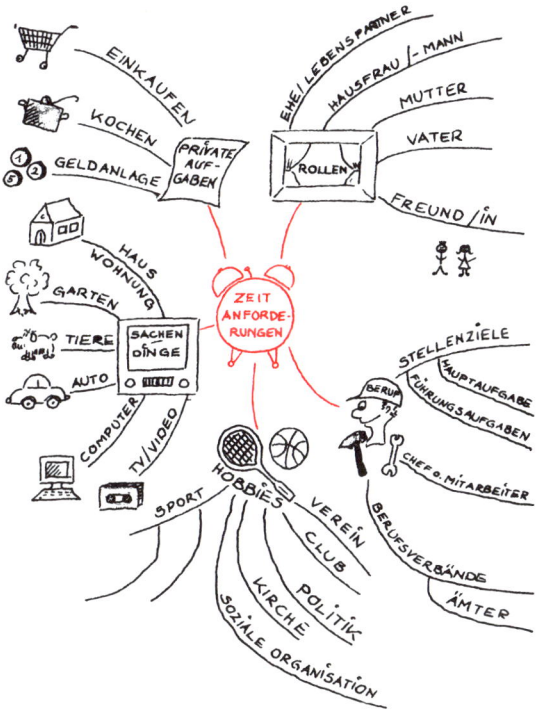

Mind Map Ihrer Zeitanforderungen

Mithilfe einer Mind Map können Sie das Beziehungsnetz Ihrer Zeitanforderungen strukturieren und visualisieren. Überlegen Sie sich, wodurch Ihre Zeit in Anspruch genommen wird. Visualisieren Sie die Zeitanforderungen Ihrer derzeitigen Lebenssituation.

So gehen Sie vor

- Skizzieren Sie in der Mind Map auf Seite 20 das Netzwerk Ihrer persönlichen Zeitanforderungen, -beziehungen und -zwänge.
- Wo liegen die zeitlichen Schwerpunkte, wofür brauchen Sie einen Großteil Ihrer Zeit?
- Was möchten Sie gerne ändern? Welche Bereiche nehmen zu viel Zeit in Anspruch, obwohl Ihnen Ihre Zeit dafür eigentlich zu kostbar ist?
- Tragen Sie in die Mind Map auch Ihre wichtigsten Zeitdiebe ein, und markieren Sie diese deutlich, z. B. mit einem Leuchtmarker.

Arbeitsweise des Gehirns

Mind Mapping berücksichtigt die Tatsache, dass das Gehirn zweiseitig arbeitet:

- Das *links* liegende Zentrum des Großhirns ist zuständig für Sprache, Logik, Analysen, Fakten und das Erfassen von Details.
- Das *rechts* liegende Zentrum dagegen denkt in Bildern, behält den Überblick und ordnet dem Erlebten einen Gefühlswert zu.

Die ganzheitliche Methode des Mind Mappings aktiviert beide Gehirnhälften gleichzeitig. Sie koordiniert die vielfältigen Möglichkeiten sprachlichen und bildhaften Denkens und fördert das beidhirnig kreative Arbeiten.

Mind Mapping mit PC

Wenn Sie die Vorteile der Elektronik nutzen und noch professioneller mit Mind Maps arbeiten wollen, sollten Sie den *MindManager* installieren, die offizielle, von Tony Buzan empfohlene Mind-Mapping-Software. Inzwischen gibt es auch mobile Lösungen als Apps für iPhone, iPad und Android: *www.mindmanager.de* und *www.mindjet.com*

Das Programm für Windows und Mac ist sofort *intuitiv* zu bedienen und formt aus wenigen Stichworten automatisch übersichtliche „gehirn-gerechte" (Vera F. Birkenbihl) Grafiken. Eine Symbolgalerie mit 450 Cliparts ermöglicht es, eigene Mind Maps grafisch aufzuwerten. Insbesondere die beliebige Editierbarkeit auf dem Bildschirm ist ein großer Vorteil. Handgefertigte *Mind Maps* können nachträglich zu Präsentations- und Archivierungszwecken elektronisch erfasst, weiterentwickelt und in einer persönlichen Datenbank abgespeichert werden. Die Maps können in HTML exportiert und dadurch in Homepages integriert oder per Internet-Conference kommuniziert werden.

Zeitdiebe fassen

Mithilfe der Mind Map sehen Sie, übersichtlich angeordnet, wofür Sie Ihre Zeit verwenden. Auch die Zeitdiebe springen Ihnen sofort ins Auge. Um diese zu fassen, um für die entsprechenden Aktivitäten weniger oder gar keine Zeit zu verwenden, sollten Sie Folgendes überlegen:

- Warum brauche ich für diese Bereiche so viel Zeit?
- Welche konkreten Maßnahmen kann ich ergreifen, um die Zeitdiebe zu fassen? Welche Lösungsideen bieten sich an?

Wenden Sie diese beiden Fragen auf die drei wichtigsten Ihrer Zeitdiebe an. Wenn Sie systematisch an sie herangehen, werden Sie mehr Zeit für Wesentliches zur Verfügung haben. „Wenn du Erfolg haben willst, begrenze dich." (Charles Augustin Saint-Beuve)

- *Erfolgreiches Zeitmanagement erfordert zunächst, dass Sie sich bewusst werden, wofür Sie Ihre Zeit verwenden.*
- *Wichtig ist, besonders die Zeitdiebe – also Aktivitäten, die viel Zeit in Anspruch nehmen, ohne ein entsprechendes Ergebnis zu bringen – zu erkennen.*
- *Das Ziel des Zeitmanagements liegt darin, durch Planung und Prioritätensetzung die eigene Zeit zu beherrschen statt von ihr unter Druck gesetzt zu werden.*

30 MINUTEN

Wissen Sie, welche privaten und beruflichen Ziele Sie kurz- und langfristig erreichen möchten?
Seite 26

Können Sie Ihre Ziele in einzelne Handlungsschritte mit Teilzielen aufgliedern (Descartes-Methode)?
Seite 31

Ist Ihnen das Pareto-Prinzip bekannt?
Seite 32

2. Motivierende Ziele setzen

Ziele sind der Maßstab, an dem jede Aktivität zu messen ist. Ziele machen Ihnen bewusst, warum Sie etwas tun. Ohne Ziele nutzt auch die beste Zeitplanung und Arbeitsmethodik nichts, denn wie wollen Sie etwas erreichen, von dem Sie gar nicht genau wissen, was es eigentlich ist? Der Endzustand jeder Handlung muss im Vorhinein festgelegt werden.

2.1 Bedeutung der Zielsetzung

Nur wer seine Ziele definiert hat, behält in der Hektik des Tagesgeschehens den Überblick, setzt auch unter größter Arbeitsbelastung die richtigen Prioritäten und versteht es, seine Fähigkeiten optimal einzusetzen, um schnell und sicher das Gewünschte zu erreichen. Das gilt im Beruf ebenso wie für Freizeit und Familie. Wer bewusst Ziele setzt und verfolgt, richtet auch seine unbewussten Kräfte auf sein Tun aus (Selbstmotivation und Selbstdisziplin).

Ziele verfolgen

Ziele dienen der Konzentration der Kräfte auf den eigentlichen Schwerpunkt. Es kommt nicht darauf an, was Sie tun, sondern wozu Sie etwas tun. Wenn das Leben als Ganzes erfolgreich sein soll, muss ein durchdachtes Lebenskonzept dahinterstehen, d.h. klare berufliche und private Ziele, die bewusst angestrebt werden. Nur so kann ein direkter Zusammenhang zwischen den vielfältigen Aktivitäten und Aufgaben von heute und dem Erfolg und der Zufriedenheit von morgen hergestellt werden.

Zielsetzungsprozess

Ein permanenter Zielsetzungsprozess vollzieht sich in vier Schritten:

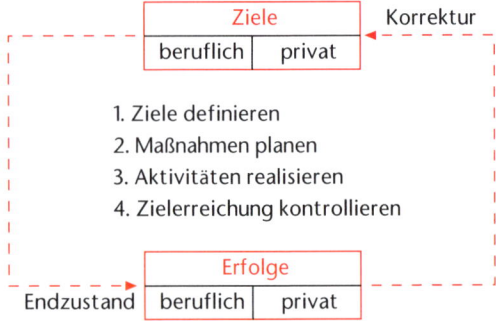

1. Ziele definieren
2. Maßnahmen planen
3. Aktivitäten realisieren
4. Zielerreichung kontrollieren

Ziele festzusetzen ist der erste Schritt eines erfolgreichen Zeitmanagements. Überlegen Sie, was Sie in einer bestimmten Zeit erreichen möchten, und legen Sie fest, mit welchen Mitteln Sie an Ihr Ziel kommen möchten. Wichtig ist eine ständige Kontrolle dieses Prozesses, die auch Änderungen erfordern kann.

2.2 Zielfindung

Welche Ziele möchten Sie erreichen – wofür möchten Sie Ihre Zeit verwenden, Ihre Kräfte einsetzen? Am Anfang jeder Zielsetzung stehen oft eine Vision oder innere Wunschbilder. Erfolgreiche Persönlichkeiten haben konkrete Zielvorstellungen, sie wissen also genau, was sie sich von ihrem Handeln erwarten.

Lebens-Wunschbild
Überlegen Sie, welche fünf Punkte Sie in Ihrem Leben noch erreichen möchten:

1. . . . .

2. . . . .

3. . . . .

4. . . . .

5. . . . .

Machen Sie sich anschließend Gedanken, wie Sie Ihre *Lebensziele* zeitlich sinnvoll staffeln können. Jedes Ziel, das Sie sich beruflich oder privat setzen wollen, hat nur dann einen Sinn, wenn Sie einen zeitlichen Rahmen abstecken, innerhalb dessen Sie dieses Ziel erreichen möchten.

Verschaffen Sie sich Zielklarheit. Schreiben Sie alle beruflichen und privaten Ziele auf, die Sie in naher und ferner Zukunft erreichen möchten. Planen Sie bereits die Erreichung Ihrer Ziele, indem Sie Maßnahmen und erste Aktionsschritte notieren.

Berufliche Ziele

Welche beruflichen Ziele – hinsichtlich Karriere, Beruf, Stelle – möchten Sie erreichen? Planen Sie langfristig (Karriereziele), mittelfristig (innerhalb der nächsten fünf Jahre) und kurzfristig (innerhalb der nächsten zwölf Monate).

- Legen Sie zunächst fest, was Sie sich diesbezüglich konkret erwarten.
- Definieren Sie anschließend die Maßnahmen, mit denen Sie dieses Ziel erreichen möchten.
- Stecken Sie sich unbedingt einen zeitlichen Rahmen, ein konkretes Datum, an dem Sie Ihr Ziel erreicht haben wollen.

Private Ziele

Welche privaten Ziele (z. B. Wunschziele für Gesundheit, Partnerschaft, Familie, Freunde, Sinnfindung) haben Sie vor Augen? Machen Sie sich Gedanken, was Sie langfristig (also im Laufe Ihres Lebens), mittelfristig (innerhalb der nächsten fünf Jahre) oder kurzfristig (innerhalb des nächsten Jahres) erreichen möchten. Konkretisieren Sie Ihre Erwartungen, überlegen Sie, wie Sie Ihre Ziele erreichen können, und denken Sie auch daran, sich einen Zeitrahmen vorzugeben.

Konkrete Ziele im beruflichen und privaten Bereich festzulegen ist gar nicht so einfach. Geben Sie sich nicht mit allgemeinen Wunschvorstellungen zufrieden, sondern überlegen Sie ganz konkret, was Sie langfristig, innerhalb der nächsten fünf Jahre und in den nächsten zwölf Monaten erreichen möchten. Legen Sie konkrete Maßnahmen fest, mit denen Sie Ihren Zielen näherkommen.

2.3 Wie können Sie Ihre Ziele erreichen?

Welche persönlichen Mittel und Ressourcen stehen Ihnen zur Verfügung, um Ihre Ziele zu erreichen? Finden Sie heraus, wo Ihre *Stärken* liegen, die Sie ausbauen können, und wo Ihre Schwachpunkte sind, an denen Sie noch arbeiten müssten.

Sich selbst einschätzen

Eine Hilfe dabei kann sein, wenn Sie sich an Ihre größten Erfolge bzw. positivsten Erlebnisse sowie an jene

Situationen in Ihrem Leben erinnern, die Sie als Misserfolge oder Niederlagen einordnen würden. Mit diesem Wissen können Sie bei sich selbst ansetzen, um noch besser zu werden oder um an hindernden Einstellungen oder Eigenschaften zu arbeiten.

Ziel-Mittel-Analyse

Nehmen Sie sich eine ruhige Minute, und beantworten Sie die folgenden Fragen ernsthaft:

● Welches sind meine *wichtigsten Stärken*, die mich bei der Erreichung meiner Ziele unterstützen (persönliche, intellektuelle, kommunikative Fähigkeiten, Fachkenntnisse, Führungsfähigkeiten, Kontakte, Arbeitstechniken etc.)? Schreiben Sie die Ihres Erachtens besten Eigenschaften auf:

. . . .

. . . .

. . . .

. . . .

. . . .

. . . .

- Wo sehe ich meine größten Engpässe, die mich am meisten an der Erreichung meiner Ziele hindern?

. . . .

. . . .

. . . .

. . . .

. . . .

Vorgehensplanung nach Descartes

Das Geheimnis erfolgreicher Ziel- und Zeitplanung liegt in der bekannten „Salami-Taktik": Alle größeren Ziele, Projekte und Vorhaben werden in kleine Scheibchen bzw. Aktivitäten zergliedert und Schritt für Schritt erledigt.

Schon der berühmte Universalwissenschaftler René Descartes (1596–1650) formulierte 1637 eine Arbeitsmethode, deren Grundprinzipien für die Planung der Zielerreichung bis heute noch ihre Gültigkeit behalten haben:

1. Formuliere das Problem (Ziel, Projekt) schriftlich.
2. Zerlege die Gesamtaufgabe in einzelne, kleine Teile.

3. Ordne die Teilaufgaben nach Prioritäten und Terminen.
4. Erledige alle Aktivitäten und kontrolliere das Ergebnis.

Aktivitäten planen, Ziele erreichen

Formulieren Sie abschließend Ihre Ziele *konkret*, d. h. messbar, und planen Sie die Zielerreichung. Legen Sie realistische Endtermine fest, und übersetzen Sie Ihre Ziele in Teilziele und greifbare Handlungsschritte nach der Descartes-Methode. Aber nehmen Sie sich nicht zu viel auf einmal vor. Überfordern Sie sich nicht, und vergessen Sie über den langfristigen Zielen nicht Ihre kurzfristigen Wünsche.

30 *Ebenso wichtig wie die eigentliche Zieldefinition ist es, die Maßnahmen festzulegen, mit denen man seine Vorstellungen realisiert. Analysieren Sie zunächst Ihre Stärken und Schwächen, um den für Sie individuell besten Weg festzulegen. Zergliedern Sie größere Projekte in einzelne, überschaubare Schritte, setzen Sie Prioritäten, und legen Sie Termine fest.*

2.4 Wichtiges erkennen – das Pareto-Prinzip

Manche Menschen verbringen den größten Teil ihrer Zeit damit, sich um viele, relativ nebensächliche Probleme und Aufgaben zu kümmern, statt sich auf wenige, aber lebenswichtige Aktivitäten zu *konzentrieren*. Oft erbringen bereits 20 Prozent der strategisch richtig eingesetzten Zeit und Energie 80 Prozent des Ergebnisses! Statt hektisch und undurchdacht alle Aufgaben, die vor einem liegen, zu erledigen, sollte man zuerst nachdenken: Welche Aktivität hat einen großen Einfluss auf das gewünschte Endergebnis?

Die 80 : 20-Regel (Pareto-Prinzip)

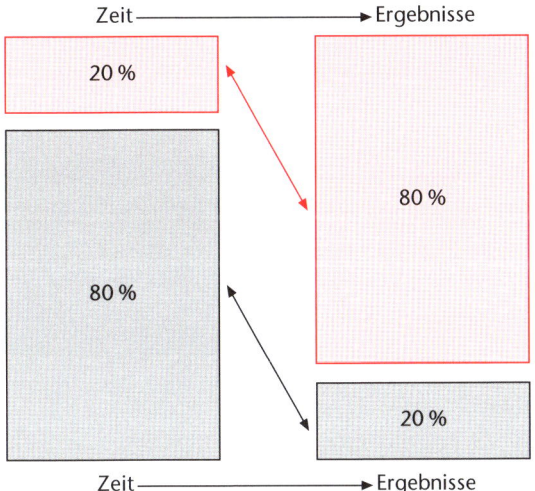

- 20 Prozent der Kunden oder Waren bringen 80 Prozent des Umsatzes.
- 20 Prozent der Produktionsfehler verursachen 80 Prozent des Ausschusses.

- 20 Prozent der Zeitung enthalten 80 Prozent der Nachrichten.
- 20 Prozent der Besprechungszeit bewirken 80 Prozent der Beschlüsse.
- 20 Prozent der Schreibtischarbeit ermöglichen 80 Prozent des Arbeitserfolgs.

Das Wissen um diese Zusammenhänge, bekannt als *Pareto-Prinzip*, kann Ihnen bei der Definition von Zielen sowie beim Planen von Maßnahmen und Aktivitäten helfen. Finden Sie die 20 : 80%-Erfolgsverursacher in Ihrem beruflichen und privaten Bereich heraus, und versehen Sie diese mit der höchsten Priorität.

Effektiv arbeiten heißt, in der knapp bemessenen Zeit die Dinge zu erledigen, die ein überdurchschnittliches Ergebnis bringen. Es ist bekannt, dass bereits 20 Prozent der (richtigen) Arbeit 80 Prozent des Ergebnisses liefern. Diese 80 : 20-Regel wird auch als Pareto-Prinzip bezeichnet.

2.5 Ihre konkrete Zielplanung

Auf Seite 27ff haben Sie Ihre lang- und kurzfristigen Ziele definiert. Greifen Sie sich eines davon heraus, das Ihnen besonders am Herzen liegt und das Sie für Ihre weitere Arbeit motiviert, und planen Sie, wie Sie es erreichen können. Nehmen Sie sich beispielsweise Ihr nächstes Jahresziel vor, und zerlegen Sie es in einzelne Aktionsschritte mit konkreten Endterminen.

Überlegen Sie auch, was Sie *ab sofort* tun werden, um Ihre Tagesarbeit stärker an Ihren Zielen und Ihren strategischen Erfolgsfaktoren (im Sinne des Pareto-Prinzips) auszurichten.

Kreativ durch Mind Mapping

Gerade wenn Sie eine komplexere Aufgabe vor sich haben, hat es sich bewährt, auf das Mind Mapping zurückzugreifen (vgl. Seite 18ff). Visualisieren Sie in der Mind Map auf der folgenden Seite Ihr nächstes Jahresziel:

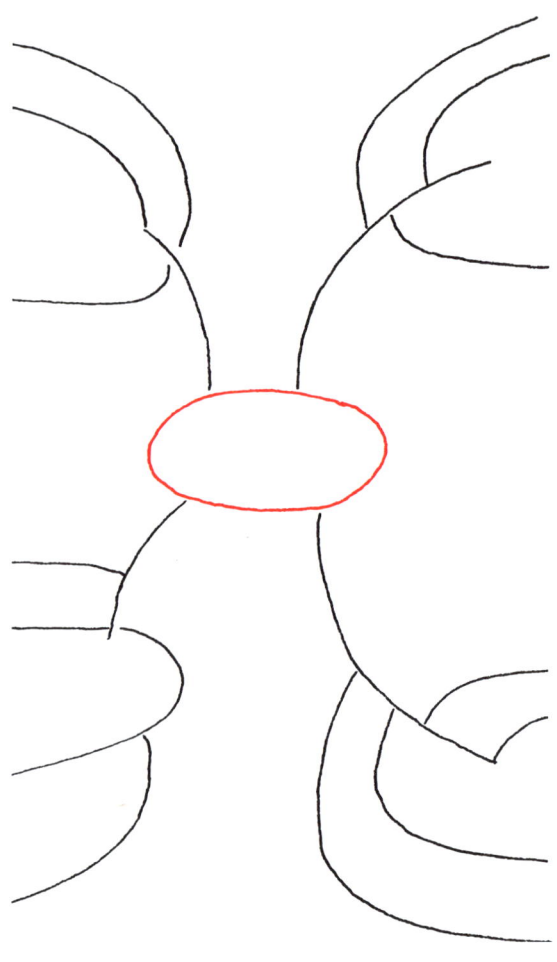

Mind Map für Ihr nächstes Jahresziel

2. Motivierende Ziele setzen

Damit Sie mit Ihrer Zeit sinnvoll umgehen kön-
nen, müssen Sie wissen, wozu Sie sie einsetzen
möchten – was Ihre Ziele sind.

- *Legen Sie für Beruf und Privatleben jeweils kurz-, mittel- und langfristige Ziele fest.*
- *Konkretisieren Sie mithilfe der Ziel-Mittel-Analyse, auf welchem Weg Sie an Ihr Ziel gelangen möchten.*
- *Gliedern Sie jede Gesamtaufgabe in greifbare Handlungsschritte auf.*

30 MINUTEN

**Wissen Sie, wie Sie Tagespläne
für Ihr Zeitmanagement
optimal einsetzen?**

Seite 43

**Kennen Sie die
A-L-P-E-N-Methode?**

Seite 43

**Wie sind Zeitplanbücher
aufgebaut?**

Seite 51

3. Das Herzstück: Die Zeitplanung

Je besser wir unsere Zeit einteilen (= planen), desto besser können wir sie für unsere persönlichen und beruflichen Zielvorstellungen nutzen. Planung bedeutet, die Verwirklichung von Zielen vorzubereiten. Der größte Vorteil einer Planung: Sie gewinnen Zeit. Die allgemeine Erfahrung in der betrieblichen Praxis zeigt, dass man mit einem Mehraufwand an Planungszeit weniger Zeit für die eigentliche Durchführung benötigt – man spart also insgesamt Zeit.

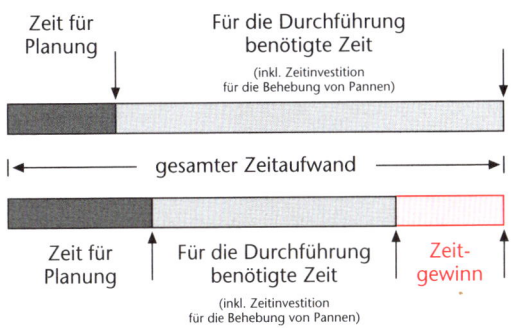

Vorteile der Zeitplanung

Wer sich nur ca. fünf Minuten Zeit nimmt, um seinen Arbeitstag vorzubereiten, kann täglich eine Stunde Zeit für das Wesentliche gewinnen!

- Sie erreichen Ihre beruflichen und persönlichen *Ziele* besser und schneller.
- Sie sparen *Zeit* und können diese für die wirklich wichtigen Aufgaben und Ziele (Führungsaufgaben, Mitarbeiter, Kreativität, Familie, Freizeit) nutzen.
- Sie gewinnen einen *Überblick* über alle Projekte, Aufgaben und Tätigkeiten.
- Hektik und *Stress* werden abnehmen, Ihr Tagesablauf wird stärker durch Vorhersehbares geprägt werden.

3.1 Schriftlich planen

Zeitpläne, die man nur „im Kopf" hat, verlieren an Übersichtlichkeit und werden leichter umgeworfen („aus den Augen – aus dem Sinn"). Schriftliche Zeitpläne dagegen bedeuten eine Arbeitsentlastung des Gedächtnisses.

Schriftliches spornt an

Ein schriftlich fixierter Plan hat den psychologischen Effekt einer *Selbstmotivation* zur Arbeit. Ihre Aktivitäten bei der Bewältigung des Tagesgeschäftes werden zielorientierter und auf die straffe Befolgung des Tagespensums ausgerichtet. Dadurch lassen Sie sich weniger ablenken – Sie sind konzentrierter – und werden angehalten, die vorgenommenen Aufgaben eher zu erledigen, als ohne eine feste Leitlinie in Form eines Tagesplans.

- Durch die *Kontrolle* des Tagesergebnisses geht Ihnen das Unerledigte nicht verloren (Sie können es auf den nächsten Tag übertragen).
- Sie können darüber hinaus Ihren Erfolg steigern, indem Sie durch Tagespläne Ihren Zeitbedarf und die Störzeiten besser einschätzen. So können Sie z. B. realistischere *Pufferzonen* für Unvorhergesehenes einplanen.
- Schriftliche Zeitpläne, in einem separaten Ordner gesammelt, stellen automatisch eine *Dokumentation* Ihrer geleisteten Arbeit dar. Sie können Ihnen in bestimmten Fällen als Nachweis und Protokoll Ihrer Aktivitäten oder Ihres Nicht-Aktiv-Werdens(-Könnens) dienen.

Wann beginnen Sie?

Was – außer Ihrer eigenen Bequemlichkeit – hindert Sie daran, die Dinge, die Sie tun und erledigen wollen, auch entsprechend niederzuschreiben und anzupacken? Oder haben Sie hierfür – angeblich – *keine Zeit?* Dann lesen Sie bitte die folgende Geschichte:

Ein Spaziergänger geht durch einen Wald und begegnet einem Waldarbeiter, der hastig und mühselig damit beschäftigt ist, einen bereits gefällten Baumstamm in kleinere Teile zu zersägen. Der Spaziergänger tritt näher heran, um zu sehen, warum der Holzfäller sich so abmüht, und sagt dann: „Entschuldigen Sie, aber mir ist da etwas aufgefallen: Ihre Säge ist ja total stumpf! Wollen Sie sie nicht einmal schärfen?" Darauf stöhnt der Waldarbeiter erschöpft auf: „Dafür habe ich keine Zeit – ich muss sägen!"

Wann wollen Sie Ihre Säge schärfen? Was werden Sie ab heute tun, um das Planungsprinzip der Schriftlichkeit konsequent anzuwenden? Planen Sie gleichermaßen kurzfristige, mittelfristige und langfristige Aktivitäten. Verwenden Sie entsprechende Mehrjahrespläne, Jahrespläne, Monats-, Wochen- und Tagespläne.

Ein zentraler Grundsatz der Planung ist die Schriftlichkeit. Schreiben Sie auf, wie Sie Ihren Tag, Ihre Woche oder Ihr Jahr planen. Sie gewinnen dadurch an Überblick, Ihre Aktivitäten werden zielgerichteter und konzentrierter, und Sie können kontrollieren, was Sie bereits erreicht haben.

3.2 Tagespläne verwenden

Wenn man beginnt, mit Zeitplänen zu arbeiten, empfiehlt sich als erster und wichtigster Schritt die Planung jedes einzelnen Tages.

- Der Tag ist die kleinste und überschaubarste Einheit einer systematischen Zeitplanung.
- Man kann jeden Tag neu beginnen, wenn ein vorhergehender Tag nicht erfolgreich gelaufen ist.
- Wer seine Tagesabläufe nicht durch Planung im Griff hat, wird auch längere Perioden wie Monats- oder Jahrespläne nicht einhalten können.

Ein realistischer Tagesplan sollte grundsätzlich nur das enthalten, was Sie an diesem Tag erledigen wollen bzw. müssen und auch können! Je mehr Sie die gesetzten Ziele für erreichbar halten, um so mehr konzentrieren Sie auch Ihre Kräfte darauf und mobilisieren sich, die Tagesziele zu erreichen.

Planen mit der A-L-P-E-N-Methode

Um nicht Gefahr zu laufen, Ihren Tag mit zu vielen Aktivitäten zu überfrachten und somit letztlich Ihren Plan nicht einzuhalten, können Sie auf die A-L-P-E-N-Methode zurückgreifen. Diese Methode ist relativ einfach und erfordert nur durchschnittlich acht Minuten tägliche Planungszeit, um mehr Zeit für das Wesentliche zu gewinnen. Investieren Sie diese Minuten, um langfristig nicht von den Aufgaben erdrückt zu werden, sondern Herr Ihrer Zeit zu sein.

A – Aufgaben, Aktivitäten und Termine aufschreiben

Verwenden Sie ein Formular für Ihre Tagesplanung (vgl. Abbildung Seite 45). Notieren Sie auf diesem Formular in den entsprechenden Rubriken, was Sie am betreffenden Tag alles erledigen wollen oder müssen. Dazu gehören:

- Notwendige Arbeiten aus Ihrem Aufgabenkatalog der entsprechenden Woche bzw. des Monats (vgl. Aktivitäten-Checkliste Seite 64).
- Unerledigtes vom Vortag
- Neu hinzukommende Tagesarbeiten
- Termine, die wahrzunehmen sind
- Telefonate und Korrespondenzen, die zu erledigen sind
- Periodisch wiederkehrende Aufgaben (z. B. zu einem fixen Zeitpunkt wiederkehrende Besprechungen).

■ Termine mit anderen

▨ Termine mit sich selbst (Stille Stunde)

Tagesplan

Datum: _28. Februar 201x_

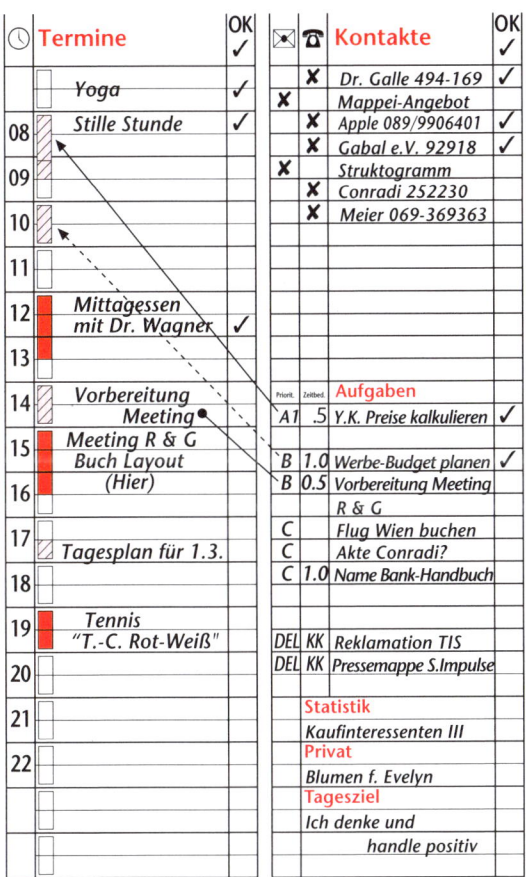

⏱	**Termine**	OK ✓
	Yoga	✓
08	Stille Stunde	✓
09		
10		
11		
12	Mittagessen mit Dr. Wagner	✓
13		
14	Vorbereitung Meeting●	
15	Meeting R & G Buch Layout	
16	(Hier)	
17	Tagesplan für 1.3.	
18		
19	Tennis "T.-C. Rot-Weiß"	
20		
21		
22		

✉	☎	**Kontakte**	OK ✓
	✗	Dr. Galle 494-169	✓
✗		Mappei-Angebot	
	✗	Apple 089/9906401	✓
	✗	Gabal e.V. 92918	✓
✗		Struktogramm	
	✗	Conradi 252230	
	✗	Meier 069-369363	

Priorit.	Zeitbed.	**Aufgaben**	
A1	.5	Y.K. Preise kalkulieren	✓
B	1.0	Werbe-Budget planen	✓
B	0.5	Vorbereitung Meeting R & G	
C		Flug Wien buchen	
C		Akte Conradi?	
C	1.0	Name Bank-Handbuch	
DEL	KK	Reklamation TIS	
DEL	KK	Pressemappe S.Impulse	

Statistik

Kaufinteressenten III

Privat

Blumen f. Evelyn

Tagesziel

Ich denke und handle positiv

30

Die A-L-P-E-N-Methode ist eine bewährte Vorgehensweise, um seinen Tag effektiv zu planen. A: Aufgaben festlegen, die zu erledigen sind. L: Ordnen Sie jeder Aktivität eine realistisch angesetzte Länge, also Zeitdauer, zu. P: Reservieren Sie jeweils etwas Pufferzeit. E: Entscheiden Sie sich für die Kernaufgaben, falls Sie nicht alle Aufgaben an einem Tag erledigen können. N: Führen Sie eine Nachkontrolle durch.

L – Länge (Dauer) der Aktivitäten schätzen

Notieren Sie hinter jeder Aktivität den *Zeitbedarf*, den Sie dafür ungefähr veranschlagen müssen. Zeit ist knapp. Acht Stunden sind und bleiben acht Stunden. Die Erfahrung zeigt, dass häufig die Gesamtzeit, über die man zu verfügen glaubt, überschätzt wird. Man plant mehr, als tatsächlich erreicht werden kann. Dies führt zu unnötiger Frustration und Abneigung gegenüber Tagesplänen.

- Schätzen Sie daher – grob – den Zeitaufwand, den Ihre geplanten Aktivitäten in Anspruch nehmen. Zeit ist mehr als Geld. Bei Ihren Geldausgaben überschlagen Sie auch, wieviel in etwa ein Produkt kosten soll, das Sie anbieten oder kaufen wollen, wenn Sie nicht sogar auf den Pfennig genau kalkulieren. Warum gehen Sie mit Ihrem Zeitkapital nicht ähnlich sorgfältig um?
- Eine andere Erfahrungsregel besagt, dass für eine Arbeit oft so viel Zeit benötigt wird, wie Zeit zur Verfügung steht. Bei einer konkreten Vorgabezeit für

Ihre Aufgaben zwingen Sie sich wie bei Ihrem Geld-budget dazu, das Limit auch einzuhalten.
- Sie arbeiten zudem erheblich konzentrierter und unterbinden Störungen wesentlich konsequenter, wenn Sie sich für eine bestimmte Aufgabe auch eine bestimmte Zeit vorgegeben haben.

Um Ihre Zeit sinnvoll und realitätsgerecht zu planen, sollten Sie zunächst alle für den jeweiligen Zeitraum anfallenden Aktivitäten, Aufgaben und Termine auf-listen. Schätzen Sie anschließend für jede einzelne Tätigkeit, wieviel Zeit sie in Anspruch nehmen wird. Durch diese einfache Rechnung können Sie bereits abschätzen, ob Sie realistisch geplant haben oder ob Ihre Planung von vornherein nicht aufgehen wird.

P – Pufferzeit reservieren

„Erstens kommt es anders, zweitens als man denkt." – Verplanen Sie daher nur einen bestimmten Teil Ihrer Arbeitszeit, erfahrungsgemäß etwa 60 Prozent. Dies ist die *Grundregel der Zeitplanung*. Unvorhergesehene Er-eignisse, Störgrößen, Zeitdiebe und persönliche Be-dürfnisse erfordern es, etwas Spielraum zu lassen.

Ihre Zeiteinteilung sollte demnach aus drei Blöcken bestehen:
- ca. 60 Prozent für *geplante* Aktivitäten (festgehalten im Tagesplan)
- ca. 20 Prozent für *unerwartete* Aktivitäten (Störun-gen, Zeitdiebe)

- ca. 20 Prozent für *spontane* und soziale Aktivitäten (kreative Zeiten).

Nach dem kaufmännischen Prinzip der Vorsicht erscheint es sogar angebracht, nur 50 Prozent der Arbeitszeit zu verplanen und die anderen *50 Prozent als Pufferzeit* zu reservieren. Wenn Sie diese Faustregel nicht einhalten, werden Sie schon am ersten Tag ins Schleudern kommen. Ihre Planung wird Ihnen dann keine Hilfe sein, sondern Sie unter Druck setzen.

E – Entscheidungen treffen

Da man erfahrungsgemäß dazu neigt, mehr als 50 bis 60 Prozent der verfügbaren Arbeitszeit zu verplanen, müssen Sie Ihren Aufgabenkatalog rigoros auf ein realistisches Maß zusammenstreichen, indem Sie

- Prioritäten setzen (vgl. Seite 56)
- Kürzungen vornehmen und
- delegieren (vgl. Seite 60).

Der Rest muss verschoben, gestrichen oder in Überstunden abgearbeitet werden. Wenn Sie auf diese Weise gezwungen werden, Ihre Aktivitäten in eine Rangfolge zu bringen, werden Sie erkennen, dass einige Aufgaben nicht unbedingt erledigt werden müssen.

N – Nachkontrolle, Unerledigtes übertragen

Wenn Sie eine Aktivität mehrfach von einem Tagesplan in den nächsten übertragen haben, weil Sie sie nicht erledigen konnten, wird sie Ihnen vermutlich lästig. Es gibt nun zwei Möglichkeiten:

- Sie werden diese Aufgabe schließlich anpacken, wodurch sie endlich erledigt ist.
- Sie entscheiden sich dazu, diese Sache aus Ihrer „Zu erledigen"-Liste zu streichen. Diese Entscheidung muss natürlich gut überlegt sein, Sie müssen die Konsequenzen bedacht haben.

Die überschaubarste Einheit jeder systematischen Zeitplanung ist die Tagesplanung. Planen Sie daher täglich Ihre anstehenden Aktivitäten und Termine. Die A-L-P-E-N-Methode mit ihren fünf Schritten hilft Ihnen, jeden Tag Zeit für die Ihnen persönlich wichtigen Dinge zu gewinnen.

30

3.3 Ein Zeitplanbuch verwenden

Erfolgreiche Menschen sind auch erfolgreiche Manager ihrer Zeit. Sie haben es geschafft, ihre Tätigkeiten so in den Griff zu bekommen, dass sie Zeit für das Wesentliche haben. Erfolgsgeheimnis vieler Arbeitsmethodiker und Zeitmanager ist der tägliche Einsatz eines persönliches Hilfsmittels, mit dessen Hilfe es gelingt,

- einen *Überblick* über alle anstehenden Aufgaben zu gewinnen,
- alle wichtigen Vorhaben, Termine und Aktivitäten systematisch und zielorientiert zu *planen*, aufeinander abzustimmen sowie

- ihre Erledigung und Weiterführung erfolgreich zu organisieren und zu *kontrollieren*.

Zeitplanbuch statt Terminkalender

Ein bewährtes Arbeits-, Ordnungs- und Selbstdisziplinierungsmittel stellt das Ziel- und Zeitplanbuch dar. Es ist weit mehr als ein konventioneller Chef- oder Terminkalender, der in der Regel nur eine Erinnerungshilfe für Termine und Daten darstellt, aber keine Aktivitätenlisten, Prioritäten, Zeitdauer und Zielsetzungen von Aufgaben enthält, die man selbst erledigen oder delegieren will.

Vorteile des Zeitplanbuches

- Das Ziel- und Zeitplanbuch mit Ringmechanik und Loseblatt-Konzeption ist Terminkalender, Tagebuch, Notizblock, Planungsinstrument, Erinnerungshilfe, Adressen-, Telefon-, Fax- und E-Mail- Register, Nachschlagewerk, Ideenkartei und ein Kontrollwerkzeug zugleich. Als ständiger persönlicher Begleiter ist es auch schriftliches Gedächtnis, mobiles Büro und Datenbank im Kleinformat.
- Das Ziel- und Zeitplanbuch ist der wichtigste, praktischste Teil eines konsequenten und flexiblen Zeitplansystems, nämlich der persönliche Arbeitsspeicher aller (Tages-)Zeitpläne, Formulare und Checklisten für die tägliche Praxis. Sie können jederzeit neue Listen einfügen, Änderungen anbringen oder Pläne komplett austauschen, wodurch Ihre Aufzeichnungen immer topaktuell sind.

- Das Ziel- und Zeitplanbuch sorgt für eine Transparenz der Ziel-, Aufgaben- und Projektplanung, indem es die Projekte in kleine Schritte zerlegt und eine Erfolgskontrolle ermöglicht. Es gibt einen Überblick über Termine und ist Erinnerungshilfe (durch das Prinzip der Schriftlichkeit ist kein Vergessen möglich).
- Sie haben ständig einen Überblick über Dispositionen, Pläne und größere Vorhaben und können flexibel auf Änderungen reagieren.

Aufbau eines Zeitplanbuches

Einfache Terminkalender können nie die verschiedenen Funktionen eines Zeitplanbuches übernehmen. Sie sind daher die Totengräber jeder erfolgreichen Zeitplanung. Durch den Einsatz und die Anwendung eines Ziel- und Zeitplanbuches kann die tägliche Arbeit besser geplant, organisiert, koordiniert und rationeller durchgeführt werden. Je nach Angebot der einzelnen Hersteller sind die Bücher etwa wie das Muster auf der folgenden Seite aufgebaut:

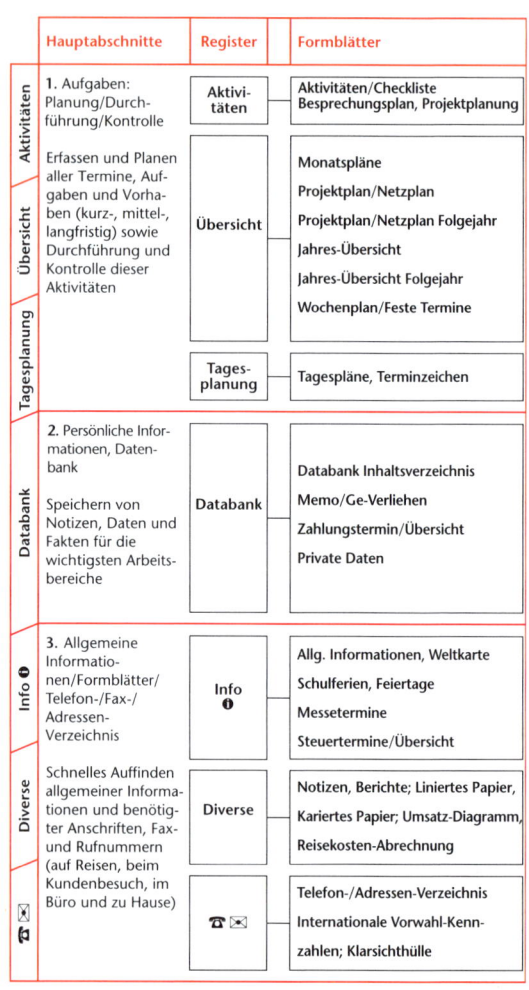

Hauptabschnitte	Register	Formblätter
Aktivitäten **1.** Aufgaben: Planung/Durch-führung/Kontrolle	Aktivi-täten	Aktivitäten/Checkliste Besprechungsplan, Projektplanung
Übersicht Erfassen und Planen aller Termine, Auf-gaben und Vorha-ben (kurz-, mittel-, langfristig) sowie Durchführung und Kontrolle dieser Aktivitäten	Übersicht	Monatspläne Projektplan/Netzplan Projektplan/Netzplan Folgejahr Jahres-Übersicht Jahres-Übersicht Folgejahr Wochenplan/Feste Termine
Tagesplanung	Tages-planung	Tagespläne, Terminzeichen
Databank **2.** Persönliche Infor-mationen, Daten-bank Speichern von Notizen, Daten und Fakten für die wichtigsten Arbeits-bereiche	Databank	Databank Inhaltsverzeichnis Memo/Ge-Verliehen Zahlungstermin/Übersicht Private Daten
Info ❶ **3.** Allgemeine Informatio-nen/Formblätter/ Telefon-/Fax-/ Adressen-Verzeichnis	Info ❶	Allg. Informationen, Weltkarte Schulferien, Feiertage Messetermine Steuertermine/Übersicht
Diverse Schnelles Auffinden allgemeiner Informa-tionen und benötig-ter Anschriften, Fax- und Rufnummern (auf Reisen, beim Kundenbesuch, im Büro und zu Hause)	Diverse	Notizen, Berichte; Liniertes Papier, Kariertes Papier; Umsatz-Diagramm, Reisekosten-Abrechnung
✉ ☎	☎ ✉	Telefon-/Adressen-Verzeichnis Internationale Vorwahl-Kenn-zahlen; Klarsichthülle

Systemaufbau eines Ziel- und Zeitplanbuches

Elektronisches Zeitmanagement

Nachdem lange Jahre manuelle Papierlösungen als Planungsinstrumente dominierten, gibt es mittlerweile ständig neue elektronische und mobile Zeitplan-Tools oder -Apps, die herkömmliche Terminkalender und manuelle Zeitplan-(Ring)bücher unterstützen, ergänzen oder je nach persönlicher Selbstorganisation auch ersetzen. Elektronische Planer, auch als Intranet-Lösungen, trennen automatisch Wichtiges von Unwichtigem, beantworten Suchanfragen, organisieren Termine, strukturieren Notizen und verwalten Daten sowie Ideen. Als mobile Organizer ermöglichen sie jederzeitigen Zugriff auf E-Mails und das Internet.

Zeitmanagement bedeutet, die zur Verfügung stehende Zeit zu planen. Durch eine sorgfältige Planung, die nur wenige Minuten in Anspruch nimmt, gewinnen Sie letztlich Zeit, da Sie Ihre Ressourcen gezielt einsetzen.

- *Planen Sie schriftlich! Sie bekommen dadurch einen Überblick über anstehende Aktivitäten und können Ihre Ergebnisse kontrollieren.*
- *Planen Sie jeden einzelnen Tag! Ziehen Sie dazu die bewährte A-L-P-E-N-Methode heran.*
- *Zeitplansysteme – ob als herkömmlicher Planer oder in elektronischer Form – sind ein wertvolles Hilfsmittel, um systematisch und sinnvoll mit der eigenen Zeit umzugehen.*

30 MINUTEN

4. Prioritäten setzen und delegieren

Eines der Hauptprobleme vieler Menschen ist der ständige Versuch, zu viel auf einmal zu tun. Man läuft Gefahr, sich in einzelnen Aufgaben zu verzetteln. Am Ende eines harten Arbeitstages steht dann meist die Erkenntnis, dass man zwar viel gearbeitet hat, wichtige Dinge aber oft liegengeblieben oder nicht fertiggestellt worden sind.

Sich auf eine Aufgabe konzentrieren

Erfolgreiche Menschen zeichnen sich unter anderem dadurch aus, dass sie vieles – und zwar durchaus Verschiedenes – erledigen, indem sie sich während einer bestimmten Zeit jeweils nur einer einzigen Aufgabe widmen. Sie erledigen also immer nur eine Sache auf einmal, dies jedoch konsequent und zielbewusst. Voraussetzung dafür ist, eindeutige Prioritäten festzulegen und sich auch daran zu halten.

4.1 Prioritäten aufstellen

Prioritätensetzung heißt zu entscheiden, welche Aufga-ben erstrangig, zweitrangig und welche nachrangig zu behandeln sind. Aufgaben mit höchster Priorität müssen natürlich zuerst erledigt werden. Wenn Sie eine Rangliste Ihrer Aufgaben aufstellen, sollten Sie sicherstellen, dass Sie

- zunächst nur an wichtigen oder *notwendigen Aufgaben* arbeiten
- die Aufgaben gegebenenfalls auch nach ihrer *Dringlichkeit* bearbeiten
- sich jeweils nur auf eine Aufgabe *konzentrieren*
- die Aufgaben in der von Ihnen festgelegten Zeit *effizienter* erledigen
- die gesetzten *Ziele* unter den gegebenen Umständen bestmöglich erreichen
- alle Aufgaben ausschalten und *delegieren*, die von anderen durchgeführt werden können
- am *Ende der Planungsperiode* (z. B. eines Arbeitstages) zumindest die wichtigsten Dinge (Effektivität!) erreicht haben
- die Aufgaben, an denen Sie und Ihre persönliche Leistung besonders gemessen werden, *nicht unerledigt* liegenlassen.

Vorteile der Prioritätensetzung
- Termine werden eingehalten.
- Arbeitsablauf und Arbeitsergebnisse werden befriedigender.

- Mitarbeiter, Kollegen und Familie werden zufriedener sein.
- Konflikte werden vermieden.
- Sie selbst werden zufriedener und vermeiden unnötigen Stress.

Wenn Sie das Gefühl haben, dass Ihnen die Zeit wegläuft und Sie nicht dazu kommen, Ihre Aufgaben zu erledigen, müssen Sie Prioritäten setzen. Erstellen Sie eine Liste aller zu erledigenden Aufgaben, und bringen Sie sie anschließend in eine Rangfolge, indem Sie sie nach Dringlichkeit und Wichtigkeit beurteilen. Halten Sie sich an diese Rangfolge, lassen Sie sich nicht von plötzlich auftretenden Aufgaben aus dem Konzept bringen.

4.2 ABC-Analyse

Eine Wertanalyse der Zeitverwendung zeigt, dass die Anteile von sehr wichtigen (A), wichtigen (B) und weniger wichtigen (C) Aufgaben an der tatsächlichen Zeitverwendung nicht unbedingt ihrem Anteil am Wert aller Aufgaben für die Erfüllung einer bestimmten Funktion entsprechen.

Wertanalyse der Zeitverwendung (ABC-Analyse)
Oft wird ein Großteil der Zeit mit vielen nebensächlichen Problemen (C-Aufgaben) vertan, während wenige,

aber sehr wichtige Aufgaben vernachlässigt werden. Der Schlüssel für ein erfolgreiches Zeitmanagement liegt darin, allen geplanten Aktivitäten die ihnen angemessene Priorität zuzuordnen, indem wir sie nach A-, B- und C-Aufgaben klassifizieren:

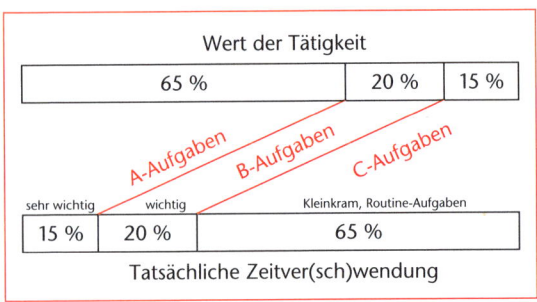

A-, B- und C-Aufgaben

- *A-Aufgaben* sind die wichtigsten Aufgaben. Sie können von der betreffenden Person nur allein oder im Team verantwortlich durchgeführt werden, sind nicht delegierbar und für die Erfüllung der eigenen Funktion von größtem Wert.
- *B-Aufgaben* sind durchschnittlich wichtige Aufgaben und (teilweise) delegierbar.
- *C-Aufgaben* sind die Aufgaben mit dem geringsten Wert für die Erfüllung einer Funktion, haben jedoch den größten Anteil an der Menge der Arbeit. In diese Kategorie fallen Routinearbeiten wie Papierkram, Lesen, Telefonieren, Ablage, Korrespondenz und andere Verwaltungsarbeiten.

Im Alltag einsetzen

Erstrebenswert ist, all diese Aktivitäten durch Prioritätensetzung in eine richtige Rangordnung zu bringen. Die ABC-Analyse funktioniert in der Praxis am besten, indem Sie

- nur noch *ein bis zwei A-Aufgaben* pro Tag (ca. drei Stunden Ausführungszeit) einplanen
- weitere *zwei bis drei B-Aufgaben* (die insgesamt ca. eine Stunde in Anspruch nehmen) vorsehen
- den *Rest für C-Aufgaben* (mit einer Dauer von ca. 45 Minuten) reservieren.

Denken Sie daran: Um erfolgreich mit Ihrer Zeit umzugehen, sollten Sie nur 60 Prozent Ihrer Gesamtzeit für Aktivitäten verplanen (vgl. Seite 47). So steuern Sie aktiv Ihren Arbeitsablauf, konzentrieren sich jeweils auf die wesentlichen Dinge und erreichen damit innere Harmonie und Gelassenheit. Viele Menschen ziehen es jedoch vor, Dinge nur *richtig* zu tun (Tätigkeitsorientierung) anstatt die *richtigen* Dinge zu tun (Zielorientierung).

Die ABC-Analyse ist ein wertvolles Hilfsmittel zur Prioritätensetzung. A-Aufgaben sind die zentralen Aufgaben für die Ausübung der eigenen Funktion und können nicht delegiert werden. B-Aufgaben sind ebenfalls wichtig, können aber teilweise delegiert werden.

30

C-Aufgaben beanspruchen den größten Teil der täglichen Arbeitszeit, ihr Wert für die übergeordnete Zielsetzung ist jedoch sehr gering.

4.3 Führen durch Delegation

Delegation ist ein Schlüssel zu erfolgreicher Arbeitstechnik und zum Zeitgewinn. Wer nicht effektiv delegiert, betreibt auch kein effektives (Zeit-)Management. Welchen Argumenten zum Nutzen der Delegation stimmen Sie zu?

	Ja	Nein
Delegation hilft, sich zu entlasten und Zeit für wichtige Aufgaben (z. B. für die eigentliche Führungsfunktion) zu gewinnen.	☐	☐
Delegation hilft, die Kenntnisse und Erfahrungen der Mitarbeiter zu nutzen.	☐	☐
Delegation hilft, die Fähigkeit, Initiative, Selbstständigkeit und Kompetenz der Mitarbeiter zu fördern und zu entwickeln.	☐	☐
Delegation wirkt sich positiv auf die Leistungsmotivation und Arbeitszufriedenheit der Mitarbeiter aus.	☐	☐

Haben Sie mehrere oder gar alle Aussagen angekreuzt? Dann werden Sie auch der folgenden These zustimmen: Delegation ist für Führungskräfte und Mitarbeiter gleichermaßen von Vorteil; sie bedeutet

- Selbstentlastung
- Zeit für A-Aufgaben
- Chancen für Mitarbeiter, sich zu entwickeln (Motivation). Mitarbeiter reagieren in der Regel überwiegend positiv auf richtig angewandte Delegation, d. h. auf die Übertragung von Arbeitsaufgaben und Kompetenzen plus Verantwortung.

Delegieren können

Erfolgreiche Delegation setzt zwei Dinge voraus: Die Bereitschaft zu delegieren – das *Wollen* – und die Fähigkeit zu delegieren – das *Können*. Das Können ist trainierbar.

Check-up Delegation

- Was soll getan werden (Inhalt)?
- Wer soll es tun (Person)?
- Warum soll er/sie es tun (Motivation, Ziel)?
- Wie soll er/sie es tun (Umfang, Details)?
- Wann soll es erledigt sein (Termine)?

Delegation ist ein zentrales Prinzip für erfolgreiches Zeitmanagement. Alle Arbeiten, die nicht zwingend von Ihnen erledigt werden müssen, sollten Sie abgeben. Sie entlasten sich dadurch

*und gewinnen Zeit für Ihre eigentlichen Aufga-
ben.*

Management by Delegation

- Entscheiden Sie bei jeder Aufgabe von neuem: Muss ich diese Tätigkeit unbedingt selbst ausführen, oder kann sie nicht ebenso gut (oder noch besser) von einem *Mitarbeiter erledigt* werden?
- Delegieren Sie kontrolliert auch *mittel- und langfristige Aufgaben* Ihres Arbeitsgebietes, die Mitarbeiter motivieren und fachlich fördern können.
- Delegieren Sie *täglich* sooft und soviel wie möglich – soweit es die Arbeitssituation und Kapazität der Mitarbeiter zulassen.
- Delegieren Sie nicht nur an Ihre Mitarbeiter, sondern auch an andere Abteilungen sowie interne und externe *Servicestellen*.

Eisenhower-Prinzip

Ein einfaches, sehr praktisches Hilfsmittel zur Delegation bildet das auf Dwight D. Eisenhower (1890–1969) zurückgehende Entscheidungsraster – insbesondere, wenn schnell entschieden werden muss, welchen Aufgaben der Vorzug einzuräumen ist. Prioritäten werden nach den Kriterien Wichtigkeit und Dringlichkeit gesetzt.

Je nach hoher oder niedriger Wichtigkeit oder Dringlichkeit einer Aufgabe lassen sich vier Möglichkeiten der Bewertung und (anschließenden) Erledigung von Aufgaben unterscheiden:

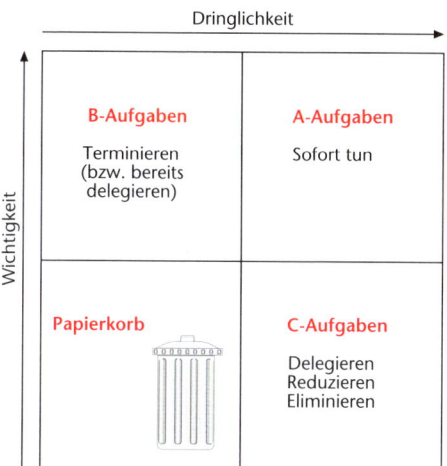

Eisenhower-Prinzip

- Aufgaben, die sowohl dringend als auch wichtig sind, müssen Sie selbst sofort in Angriff nehmen *(A-Aufgaben)*.
- Aufgaben von hoher Wichtigkeit, die aber noch nicht dringlich sind, können zunächst warten, sollten aber geplant, d. h. terminiert bzw. kontrolliert delegiert werden *(B-Aufgaben)*.
- Aufgaben, die keine hohe Wichtigkeit haben, aber dringend sind, sollten delegiert bzw. nachrangig erledigt werden *(C-Aufgaben)*.
- Von Aufgaben, die sowohl von geringer Dringlichkeit als auch geringer Wichtigkeit sind, sollten Sie Abstand nehmen (*Papierkorb* oder Ablage).

Haben Sie ein wenig mehr *Mut zum Risiko*, und entscheiden Sie sich öfter für den Papierkorb. Manches erledigt sich von selbst, wenn es lang genug liegenbleibt. Eine wirksame Delegation erfordert eine gute Arbeitsorganisation. Überwachen Sie die delegierten Aufgaben und Termine mithilfe einer Checkliste:

Aktivitäten-Checkliste/Aufgaben-Kontrolle

für den Monat ....Mai........

Datum	Priorität A	Priorität B	Priorität C	Aktivität/ Aufgabe	Zeit- bedarf	Erledigt durch	Beginn	Fertig bis	OK ✓
2.5.	X			Werbekonzept TIS fertigstellen	1.0	selbst		30.5.	
3.5.		X		Planungskonferenz HET vorbereiten		H. Müller	5.5.	20.5.	
3.5.		X		Vortrag IHK Ulm ausarbeiten		VK-Abt.		18.5.	
5.5.		X		Arbeitsbericht "Fehlzeiten" prüfen	0.5	selbst		10.5.	
7.5.			X	Projektgruppe IBM einberufen		Hr. Heymann		16.5.	
7.5.			X	Artikel "Internet-Marketing" schreiben	20	selbst		30.5.	
8.5.			X	Werksbesichtigung BMW organisieren		Fr. Karrer		28.5.	
17.5.			X	Verkaufsbericht "Süd" zusammenstellen		H. Theiser		21.5.	
12.5.			X	Seminarplanung abgeben	0.5	selbst		30.5.	

Die wichtigsten Prinzipien für erfolgreiches Zeit-management sind Prioritätensetzung und Delegation:

- *Indem Sie Prioritäten setzen, strukturieren Sie die auf den ersten Blick unüberschaubare An-zahl an Aufgaben. Mithilfe der ABC-Analyse können Sie dringende von weniger wichtigen Arbeiten unterscheiden.*

- *Alles, was nicht zwingend von Ihnen persönlich erledigt werden muss, sollten Sie delegieren.*

30 MINUTEN

Ist Ihnen bewusst, wie wichtig eine positive Einstellung für Ihren Erfolg ist?

Seite 67

Kennen Sie die Leistungskurve, die die tägliche Leistungsfähigkeit des Menschen beschreibt?

Seite 70

Planen Sie in Ihrem Alltag regelmäßig sogenannte Stille Stunden ein?

Seite 74

5. Tagesgestaltung und Arbeitsorganisation

Es ist fast immer das gleiche Problem: Unausgeschlafen, mit Eile und Hast, ohne vernünftiges Frühstück in die Firma gerast – mit einem solchen Start kann der Tag sehr leicht misslingen!

5.1 Positives Denken und Handeln

Versuchen Sie, jedem Tag etwas Positives abzugewinnen, denn Ihre Grundeinstellung zu Ihrer Umwelt, also auch die *Einstellung*, wie Sie an die anstehenden Aufgaben herangehen, hat einen maßgeblichen Anteil an Ihrem Erfolg oder Misserfolg. Alle Lebenshilfeschulen und Autoren von Erfolgsratgebern sind einhellig der Auffassung, dass Erfolg sehr stark von der persönlichen Einstellung, den eigenen Gedanken, Gefühlen und Gemütszuständen abhängt. Erfolg kann durch positives Denken und Handeln entsprechend beeinflusst werden. Gönnen Sie sich Zeit am Morgen

- für ein gemütliches Aufwachen (evtl. Entspannung, Meditation)
- für eine Bewegungsaktivität (Jogging, Gymnastik)
- für eine wohltuende persönliche Hygiene und Pflege
- für ein schönes Frühstück mit der Familie
- für eine gelassene Fahrt zur Arbeit ohne Hast.

Wie können Sie eine schlechte Startphase in eine *positive Situation* transformieren?

Unausgeschlafen	➡	. . . .
Ohne Frühstück	➡	. . . .
Hast	➡	. . . .
Eile	➡	. . . .
Raserei	➡	. . . .
Stress	➡	. . . .
Misserfolg	➡	. . . .

Um eine positive Einstellung zum neuen Tag zu erhalten, sollten Sie
- jeden Tag etwas tun, das Ihnen *Freude* bereitet
- jeden Tag etwas tun, das Sie spürbar Ihren persönlichen *Zielen* näherbringt
- jeden Tag etwas tun, das Ihnen einen *Ausgleich* zur Arbeit schafft (Sport, Familie, Hobby etc.).

Den Tag positiv beginnen
Es hat sich bewährt, sich in aller Ruhe auf den Tag einzustellen, bevor Sie sich auf Ihre Arbeit stürzen.

- Gehen Sie Ihren *Tagesplan* (am Abend des Vortages erstellt) anhand der fixierten Aufgaben und Tagesziele nach Wichtigkeit und Dringlichkeit noch einmal durch.
- Treffen Sie für die Schwerpunkt-Aufgaben des Tages, die *A-Aufgaben*, die nötige Arbeitsvorbereitung, legen Sie die Unterlagen bereit.

Den Tag positiv schließen

Statt in Hektik von Ihrem Arbeitsplatz nach Hause zu stürzen, sollten Sie in aller Ruhe den Tag abschließen und sich innerlich auf die Heimfahrt, den Abend und die Freizeit einstellen.

- Führen Sie einen *Soll-Ist-Vergleich* des Tagesplans im Hinblick auf die Zielerreichung durch.
- Prüfen Sie, welche Aufgaben nicht erledigt werden konnten und auf den nächsten Tag *übertragen* werden müssen. Tip: Versuchen Sie, alle kleineren Arbeiten (z. B. Durchsehen von Post), die im Laufe des Tages liegengeblieben sind, noch am gleichen Tag zu beenden. Jeder Aufschub führt zu einem zusätzlichen Arbeitsaufwand, wenn Sie Unerledigtes am nächsten Tag aufarbeiten müssen.
- Stellen Sie am Abend den *Tagesplan für den nächsten* Tag auf. So ersparen Sie sich am Abend und vor dem Schlafengehen unruhige Gedanken darüber, was wohl morgen noch alles auf Sie zukommen wird. Sie können ausgeschlafen den Tag beginnen.
- Machen Sie sich im Sinne einer positiven *Lebensführung* bewusst, welche Qualität und welchen Wert der

Tag für Ihr Leben hatte. Was haben Sie heute erreicht? Inwiefern sind Sie Ihren Zielen nähergekommen? Schließen Sie jeden Arbeitstag mit einer positiven Stimmung.

- Überlegen Sie sich, wie Sie *den Abend verbringen* möchten. Viele kommen abends von der Arbeit, ohne einen Gedanken darauf verwendet zu haben, wie sie Freude verbreiten und eine Grundlage für einen angenehmen Feierabend schaffen können (Partner, Familie, Kinder, Theater, Konzert, gutes Buch, Freunde, Ausgehen, Sport, Meditation etc.).

30 *Die Einstellung, mit der Sie Ihre Arbeit angehen, wie Sie den Tag beginnen, kann großen Einfluss haben auf Ihren Erfolg. Wenn Sie positiv und konzentriert an Ihre Arbeit herangehen, werden Sie die wichtigen Aufgaben erkennen und bewältigen. Wenn Sie nach Hause gehen, sollten Sie Ihren Arbeitstag auch gedanklich abschließen und sich auf Ihr Privatleben freuen.*

5.2 Die Leistungskurve beachten

Jeder Mensch ist in seiner Leistungsfähigkeit während des ganzen Tages bestimmten Schwankungen unterworfen, die sich in einem natürlichen Rhythmus vollziehen und im Voraus absehen lassen. Die statistische durchschnittliche tägliche Leistungsbereitschaft und ihre Schwankungsbreite lassen sich durch folgende Grafik beschreiben (REFA-Normkurve):

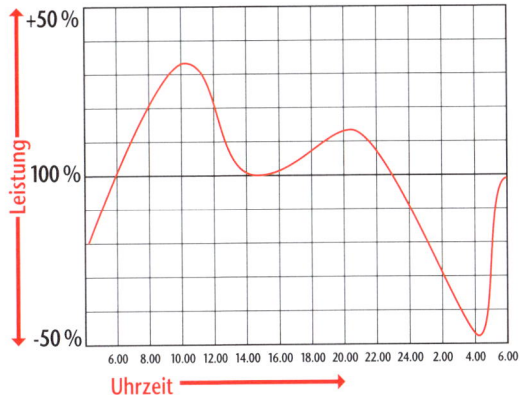

Hochs und Tiefs

Es gibt eine Reihe individueller Unterschiede, die durch Ernährungsgewohnheiten und andere persönliche Merkmale beeinflusst werden. Grundsätzlich kann man jedoch Folgendes feststellen:

- Der *Leistungshöhepunkt* liegt am Vormittag. Dieses Niveau wird während des gesamten Tages nicht mehr erreicht.
- Am Nachmittag schließt sich dann das allgemein bekannte *Nachmittagstief* an, das von manchen durch starken Kaffeegenuss bekämpft, dadurch jedoch verlängert wird.
- Nach einem erneuten *Zwischenhoch* am frühen Abend fällt die Leistungskurve kontinuierlich ab, um dann

einige Stunden nach Mitternacht ihren absoluten Tiefpunkt zu erreichen.

Sich dem Tagesrhythmus anpassen

Jeder von uns muss mit diesen Schwankungen der persönlichen Leistungsfähigkeit leben. Wichtig ist, dass Sie Ihren persönlichen Tagesrhythmus herausfinden, damit Sie komplizierte und wichtige Dinge (*A-Aufgaben*) während Ihres Leistungshochs am Vormittag einplanen können. Im berühmten Leistungstief sollten Sie nicht gegen Ihren biologischen Rhythmus arbeiten, sondern versuchen zu entspannen und diese Phase für soziale Kontakte und Routinetätigkeiten (*C-Aufgaben*) nutzen. Nach dem Anstieg der Leistungskurve am späten Nachmittag können Sie sich wieder wichtigeren Aktivitäten (*B-Aufgaben*) zuwenden.

Pausen sind sinnvoll

Wenn Sie durch Tagesorganisation nach der Leistungskurve die natürlichen Gesetzmäßigkeiten Ihres Organismus nutzen, werden Sie Ihre Produktivität erheblich steigern. Zu langes intensives Arbeiten macht sich nicht bezahlt, da Konzentration und Leistungsfähigkeit nachlassen und sich Fehler einschleichen. Betrachten Sie Pausen nicht als Zeitverschwendung, sondern als erholsames Auftanken von Energie.

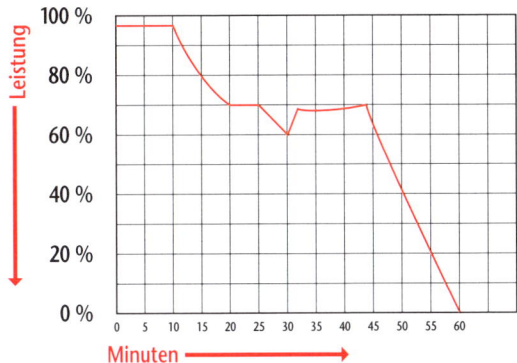

Leistungswerte der Konzentration im Verlauf von 60 Minuten

Wie oft soll man Pausen einlegen?

Einschlägige medizinische Untersuchungen haben ergeben, dass der beste Erholungswert nach etwa einer Stunde Arbeitszeit erzielt wird. Die Pause sollte nur bis zu zehn Minuten dauern, weil der optimale Effekt in diesen ersten zehn Minuten eintritt, danach absinkt.

● Sehen Sie daher regelmäßige, aber *kurze Pausen* in Ihrem Tagesplan vor.

● Der Regenerationseffekt der Pausen kann erheblich gesteigert werden, wenn Sie versuchen, sich zu entspannen, und für Bewegung und *Sauerstoffzufuhr* sorgen.

Niemand kann den ganzen Tag über gleichbleibend konzentriert arbeiten – die Leistungskurve, die durch den Biorhythmus beeinflusst wird, gibt Hochs und Tiefs vor. Versuchen Sie nicht, in Leistungstiefs wichtige A-Aufgaben zu erledigen, sondern planen Sie Ihren Tag unter Berücksichtigung Ihrer ganz persönlichen Leistungskurve.

5.3 Reservieren Sie eine „Stille Stunde"

Viele Menschen erledigen Ihre eigentliche Arbeit erst nach offiziellem Dienstschluss. Tagsüber finden Sie keine Zeit, da es zu viele *Störmomente* gibt: Gespräche mit Mitarbeitern oder Kunden, unangemeldete Besucher, Konflikte, Telefonate, Sitzungen etc. Eine permanent offene Tür wird zwar von Kollegen geschätzt, erweist aber dem Betroffenen einen „Bärendienst".

Der Sägeblatt-Effekt

Wenn jemand dauernd gestört oder in seiner Arbeit unterbrochen wird, tritt der Sägeblatt-Effekt in Erscheinung: Wird er von seiner Aufgabe auch nur für einen kurzen Moment abgelenkt, so bedarf es bis zur erneuten Weiterarbeit an der gleichen Stelle einer zusätzlichen Anlauf- und Einarbeitungszeit. Addiert man diese Leistungsverluste einmal auf, so können bis zu 28 Prozent unserer Zeit dadurch verlorengehen.

Für die Erledigung äußerst wichtiger Aufgaben (A-Aufgaben) ist es sinnvoll, möglichst störungsfrei arbeiten zu können. Was kann man nicht alles erreichen, wenn man eine Stunde in Ruhe ungestört arbeiten kann – doch wie lässt sich das realisieren? In der Praxis hat es sich bewährt, täglich eine *Stille Stunde* oder Sperrzeit einzurichten, in der man nicht gestört wird.

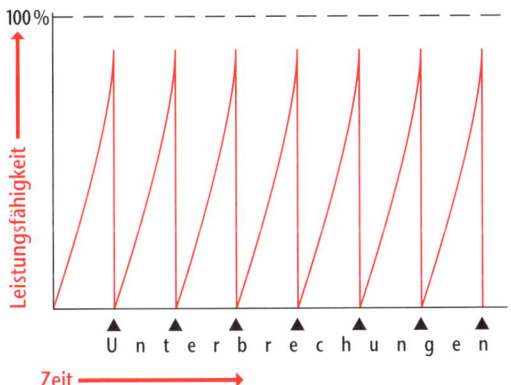

Der Sägeblatt-Effekt

Wenn wir ehrlich sind, brauchen wir telefonisch nicht rund um die Uhr erreichbar und persönlich nicht immer sprechbereit zu sein. Das Geschäft läuft normal weiter, auch wenn Sie sich für eine Stunde (oder mehr?) von Ihrer Umwelt abschirmen. Betrachten Sie diese persönlichen Sperrzeiten daher als einen sehr

wichtigen Termin, Ihren vielleicht wichtigsten über-
haupt!

Einen Termin mit sich selbst vereinbaren

Organisatorisch handhaben Sie die Stille Stunde wie
jeden anderen wichtigen Termin, bei dem Sie auch
nicht da oder nicht kontaktbereit sind:

- Tragen Sie die Stille Stunde wie eine Besprechung
  oder einen Kundenbesuch in Ihren *Tagesplan* ein.
  Wann können Sie sie günstig einplanen?
- *Schirmen* Sie sich für die Stille Stunde *ab* (am besten
  mithilfe Ihrer Sekretärin), oder schließen Sie die Tür
  zu Ihrem Büro zu und sagen Sie vorher, dass Sie
  „nicht da" sind.
- Eingehende Telefonanrufe, Anfragen von Mitarbeitern o. ä. kann die Sekretärin entgegennehmen und
  Rückrufe vereinbaren. Dies mag unaufrichtig er-
  scheinen, aber Ihre wichtigen Aufgaben sollten we-
  nigstens einmal am Tag absoluten Vorrang haben!

Störkurven berücksichtigen

Bei der Einplanung der Stillen Stunden sollten Sie die
störarmen und störanfälligen Zeiten des Tages berücksichtigen. Die *Tages-Störkurve* zeigt einen solchen Verlauf für einen typischen Bürotag:

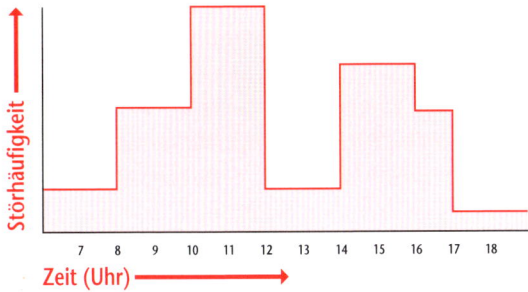

Störkurve eines durchschnittlichen Bürotages

Versuchen Sie daher, entsprechend der Störzeiten-Kurve zu arbeiten.

- Planen Sie während der *störarmen Zeiten* am Vormittag Ihre Stillen Stunden, in denen Sie Ihre wichtigsten Aufgaben (A-Aufgaben) erledigen.
- Kalkulieren Sie während der *störanfälligen Zeiten* häufige Unterbrechungen (z. B. durch Telefon oder unangemeldete Besucher) ein, verrichten Sie in dieser Zeit weniger wichtige Aufgaben (C-Aufgaben).
- Eine komplizierte, unangenehme Aufgabe, bei der man sich sehr konzentrieren muss, fällt in der *Stillen Stunde* erheblich leichter als im Störungshoch, wo man die doppelte oder dreifache Energie (Sägeblatt-Effekt, vgl. Seite 75) aufbringen muss, um seine Aufgaben erfolgreich zu erledigen.

30

Für ein erfolgreiches Zeitmanagement ist es nicht nur wichtig, exakt zu planen; Sie müssen auch „weichere" Faktoren einkalkulieren:

- *Eine positive Einstellung und ein guter Start des Arbeitstages geben viel Energie, mit der Sie Ihre Aufgaben leichter bewältigen werden können.*
- *Berücksichtigen Sie bei der Planung Ihres Arbeitstages Ihre persönliche Leistungskurve. Wichtige Aufgaben sollten Sie in Ihren produktiven Stunden erledigen.*
- *Ganz wichtig sind die Stillen Stunden – Zeiten, in denen man nicht gestört wird, sodass man sich konzentriert seinen wichtigsten Aufgaben widmen kann.*

Umsetzung – mit Kontrolle und Selbstdisziplin

Bleiben Sie konsequent
Ein konsequentes Zeitmanagement hat viele Vorteile – welche davon wollen Sie erreichen?

	Ja	Nein
Bessere Einstimmung auf den nächsten Arbeitstag	☐	☐
Planung des bevorstehenden Tages	☐	☐
Überblick und Klarheit über die Tagesanforderungen	☐	☐
Ordnung Ihres Tagesablaufs	☐	☐
Ausschaltung von Vergesslichkeit	☐	☐
Konzentration auf das Wesentliche	☐	☐
Reduzierung von Verzettelung	☐	☐
Erreichen der Tagesziele	☐	☐
Unterscheidung zwischen wichtigen und weniger wichtigen Vorgängen	☐	☐
Entscheidung über Prioritätensetzung und Delegation	☐	☐

	Ja	Nein
Rationalisierung durch Aufgabenbündelung	☐	☐
Abbau und Handhabung von Störungen und Unterbrechungen	☐	☐
Selbstdisziplin in der Aufgabenerledigung	☐	☐
Abbau von Stress und Nervenverschleiß	☐	☐
Gelassenheit bei unvorhergesehenen Ereignissen	☐	☐
Verbesserung der Selbstkontrolle	☐	☐
Positives Erfolgserlebnis am Tagesende	☐	☐
Erhöhung von Zufriedenheit und Motivation	☐	☐
Steigerung der persönlichen Leistungsfähigkeit	☐	☐
Zeitgewinn durch methodisches Arbeiten („goldene Stunde")	☐	☐

Ein *konsequentes Zeitmanagement* auf der Basis der angesprochenen Prinzipien Schriftlichkeit, Tagespläne, Prioritätensetzung, Zeitplanbuch und Selbstdisziplin wird nicht nur eine deutliche Verbesserung Ihrer Über- sicht, Planung und Kontrolle bewirken, sondern zusätzlich zum Abbau von Hektik und Stress – und damit zu einem *positiven*, optimistischen *Lebensgefühl* – beitragen.

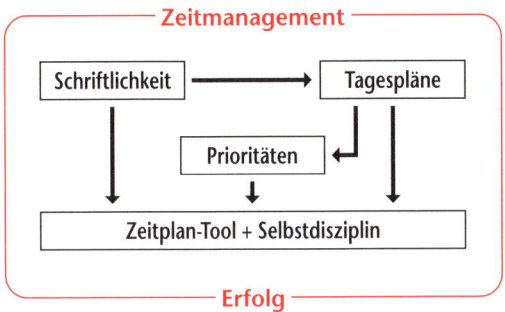

Starten Sie mit Selbstdisziplin

Konsequentes Zeitmanagement können Sie mit einem verblüffend einfachen Mittel und bei geringem Zeitaufwand von etwa acht Minuten täglich erreichen: Gewöhnen Sie sich an, den kommenden Arbeitstag bereits am Ende des aktuellen Arbeitstages schriftlich zu planen. Visualisieren Sie dabei den Ablauf des Folgetages. Überlegen Sie also, welches die wichtigsten Aufgaben sind, die Sie am nächsten Tag erledigen müssen. Legen Sie schriftlich eine Zeit fest, in der dies geschehen soll.

Der psychologische Hintergrund

- Schon auf der Fahrt nach Hause und dem morgendlichen Weg ins Büro verarbeitet Ihr *Unterbewusstsein* diese Aufgaben und hält mögliche Lösungen bereit.
- Da Sie Ihre Hauptaufgaben vor Augen und Lösungsansätze im Hintergrund sehen, steht Ihnen der neue, arbeitsreiche Tag nicht mehr wie eine graue, schwe-

re Last bevor, sondern wird durchsichtig, plan- und *greifbar*.

- Sie lassen sich dann *weniger leicht* durch Nebensäch-lichkeiten *ablenken*, mit deren Hilfe Sie früher die Hauptaufgaben gern – und immer weiter – vor sich hergeschoben haben, bis Sie sie schließlich nur noch unter Zeitdruck, mit Überstunden und meist weniger befriedigend erledigen konnten.

Arbeiten ohne Stress

Ein arbeitsreicher Tag muss noch lange keinen *Stress* bedeuten. Im Gegenteil: Eine gut gelöste, schwierige Aufgabe wird Befriedigung und sogar ein Gefühl der *Erholung* bringen. Stress kommt nicht von den Dingen, die Sie erledigt haben, sondern von dem, was Sie nicht erledigt haben. Was Sie nicht schaffen, das schafft Sie! Stress ist auch schlechtes Gewissen.

Seien und bleiben Sie *konsequent*, wenn Sie mit schrift-lichen Tagesplänen arbeiten und Prioritäten setzen. Zeitmanagement erfordert in der Startphase eine ge-wisse *Selbstdisziplin* – wie jeder gute Vorsatz –, aber es lohnt sich. Ihre Zeit- und Zielplanung stellt sicher, dass Sie Ihre Wünsche und Ziele erreichen. Verschaffen Sie sich dabei auch die Unterstützung Ihrer Umwelt.

Bei erfolgreicher Anwendung von Zeitplantechni-ken und Arbeitsmethoden können Sie zwischen 10 und 20 Prozent Zeit einsparen – jeden Tag!

Fast Reader

1. Zeit nutzen – Zeitdiebe fangen

Zeit ist nicht vermehrbar und verrinnt unaufhör-
lich. Zeit ist Leben und äußerst kostbar.
Wenn klare Ziele und Planung fehlen, kann man
nur etwa 40 Prozent seines eigentlichen Potenzials
entfalten. Zeitmanagement bedeutet eine bewuss-
te Planung des persönlichen Zeitkapitals und hilft,
Ziele ohne Stress zu erreichen und Freiraum für
Freizeit und Kreativität zu gewinnen.
Um Ihre Zeit effektiv nutzen zu können, müssen
Sie zunächst analysieren, wo Ihre Zeitdiebe lie-
gen. Welche Aktivitäten oder Umstände rauben
Ihnen beständig wertvolle Zeit, bringen aber keine
sinnvollen Ergebnisse, die diesen Aufwand recht-
fertigen würden?

- *Erfolgreiches Zeitmanagement erfordert zu-*
  nächst, dass Sie sich bewusst werden, wofür
  Sie Ihre Zeit verwenden.

30

- *Wichtig ist, besonders die Zeitdiebe – also Aktivitäten, die viel Zeit in Anspruch nehmen, ohne ein entsprechendes Ergebnis zu bringen – zu erkennen.*
- *Das Ziel des Zeitmanagements liegt darin, durch Planung und Prioritätensetzung die eigene Zeit zu beherrschen statt von ihr unter Druck gesetzt zu werden.*

2. Motivierende Ziele setzen

Ziele festzusetzen ist der erste Schritt eines erfolgreichen Zeitmanagements. Überlegen Sie, was Sie in einer bestimmten Zeit erreichen möchten, und legen Sie fest, mit welchen Mitteln Sie an Ihr Ziel kommen möchten. Wichtig ist eine ständige Kontrolle dieses Prozesses, die auch Änderungen erfordern kann.

Konkrete Ziele im beruflichen und privaten Bereich festzulegen ist gar nicht so einfach. Geben Sie sich nicht mit allgemeinen Wunschvorstellungen zufrieden, sondern überlegen Sie ganz konkret, was Sie langfristig, innerhalb der nächsten fünf Jahre und in den nächsten zwölf Monaten erreichen möchten. Legen Sie konkrete Maßnahmen fest, mit denen Sie Ihren Zielen näherkommen.

Ebenso wichtig wie die eigentliche Zieldefinition ist es, die Maßnahmen festzulegen, mit denen man seine Vorstellungen realisiert. Analysieren Sie zunächst Ihre Stärken und Schwächen, um den für Sie individuell besten Weg festzulegen. Zergliedern Sie größere Projekte in einzelne, überschaubare Schritte, setzen Sie Prioritäten, und legen Sie Termine fest.

Effektiv arbeiten heißt, in der knapp bemessenen Zeit die Dinge zu erledigen, die ein überdurchschnittliches Ergebnis bringen. Es ist bekannt, dass bereits 20 Prozent der (richtigen) Arbeit 80 Prozent des Ergebnisses liefern. Diese 80 : 20-Regel wird auch als Pareto-Prinzip bezeichnet.

Damit Sie mit Ihrer Zeit sinnvoll umgehen können, müssen Sie wissen, wozu Sie sie einsetzen möchten – was Ihre Ziele sind.

- **Legen Sie für Beruf und Privatleben jeweils kurz-, mittel- und langfristige Ziele fest.**
- **Konkretisieren Sie mithilfe der Ziel-Mittel- Analyse, auf welchem Weg Sie an Ihr Ziel gelangen möchten.**
- **Gliedern Sie jede Gesamtaufgabe in greifbare Handlungsschritte auf.**

3. Das Herzstück: Die Zeitplanung

Ein zentraler Grundsatz der Planung ist die Schriftlichkeit. Schreiben Sie auf, wie Sie Ihren Tag, Ihre Woche oder Ihr Jahr planen. Sie gewinnen dadurch an Überblick, Ihre Aktivitäten werden zielgerichteter und konzentrierter, und Sie können kontrollieren, was Sie bereits erreicht haben.

Um Ihre Zeit sinnvoll und realitätsgerecht zu planen, sollten Sie zunächst alle für den jeweiligen Zeitraum anfallenden Aktivitäten, Aufgaben und Termine auflisten. Schätzen Sie anschließend für jede einzelne Tätigkeit, wieviel Zeit sie in Anspruch nehmen wird. Durch diese einfache Rechnung können Sie bereits abschätzen, ob Sie realistisch geplant haben oder ob Ihre Planung von vornherein nicht aufgehen wird.

Die überschaubarste Einheit jeder systematischen Zeitplanung ist die Tagesplanung. Planen Sie daher täglich Ihre anstehenden Aktivitäten und Termine. Die A-L-P-E-N-Methode mit ihren fünf Schritten hilft Ihnen, jeden Tag Zeit für die Ihnen persönlich wichtigen Dinge zu gewinnen.

30 **Zeitmanagement bedeutet, die zur Verfügung stehende Zeit zu planen. Durch eine sorgfältige Planung, die nur wenige Minuten in Anspruch nimmt, gewinnen Sie letztlich Zeit, da Sie Ihre Ressourcen gezielt einsetzen.**

- *Planen Sie schriftlich! Sie bekommen dadurch einen Überblick über anstehende Aktivitäten und können Ihre Ergebnisse kontrollieren.*
- *Planen Sie jeden einzelnen Tag! Ziehen Sie dazu die bewährte A-L-P-E-N-Methode heran.*
- *Zeitplansysteme – ob als herkömmlicher Planer oder in elektronischer Form – sind ein wertvolles Hilfsmittel, um systematisch und sinnvoll mit der eigenen Zeit umzugehen.*

4. Prioritäten setzen und delegieren

Wenn Sie das Gefühl haben, dass Ihnen die Zeit wegläuft und Sie nicht dazu kommen, Ihre Aufgaben zu erledigen, müssen Sie Prioritäten setzen. Erstellen Sie eine Liste aller zu erledigenden Aufgaben, und bringen Sie sie anschließend in eine Rangfolge, indem Sie sie nach Dringlichkeit und Wichtigkeit beurteilen. Halten Sie sich an diese Rangfolge, lassen Sie sich nicht von plötzlich auftretenden Aufgaben aus dem Konzept bringen.

Die ABC-Analyse ist ein wertvolles Hilfsmittel zur Prioritätensetzung. A-Aufgaben sind die zentralen Aufgaben für die Ausübung der eigenen Funktion und können nicht delegiert werden. B-Aufgaben sind ebenfalls wichtig, können aber teilweise delegiert werden. C-Aufgaben beanspruchen den größten Teil der täglichen Arbeitszeit, ihr Wert für die übergeordnete Zielsetzung ist jedoch sehr gering.

Delegation ist ein zentrales Prinzip für erfolgreiches Zeitmanagement. Alle Arbeiten, die nicht zwingend von Ihnen erledigt werden müssen, sollten Sie abgeben. Sie entlasten sich dadurch und gewinnen Zeit für Ihre eigentlichen Aufgaben.

30

Die wichtigsten Prinzipien für erfolgreiches Zeitmanagement sind Prioritätensetzung und Delegation:

- **Indem Sie Prioritäten setzen, strukturieren Sie die auf den ersten Blick unüberschaubare Anzahl an Aufgaben. Mithilfe der ABC-Analyse können Sie dringende von weniger wichtigen Arbeiten unterscheiden.**
- **Alles, was nicht zwingend von Ihnen persönlich erledigt werden muss, sollten Sie delegieren.**

5. Tagesgestaltung und Arbeitsorganisation

Die Einstellung, mit der Sie Ihre Arbeit angehen, wie Sie den Tag beginnen, kann großen Einfluss haben auf Ihren Erfolg. Wenn Sie positiv und konzentriert an Ihre Arbeit herangehen, werden Sie die wichtigen Aufgaben erkennen und bewältigen. Wenn Sie nach Hause gehen, sollten Sie Ihren Arbeitstag auch gedanklich abschließen und sich auf Ihr Privatleben freuen.

Niemand kann den ganzen Tag über gleichbleibend konzentriert arbeiten – die Leistungskurve, die durch den Biorhythmus beeinflusst wird, gibt Hochs und Tiefs vor. Versuchen Sie nicht, in Leistungstiefs wichtige A-Aufgaben zu erledigen, sondern planen Sie Ihren Tag unter Berücksichtigung Ihrer ganz persönlichen Leistungskurve.

Für ein erfolgreiches Zeitmanagement ist es nicht nur wichtig, exakt zu planen; Sie müssen auch „weichere" Faktoren einkalkulieren:

- *Eine positive Einstellung und ein guter Start des Arbeitstages geben viel Energie, mit der Sie Ihre Aufgaben leichter bewältigen werden können.*

- *Berücksichtigen Sie bei der Planung Ihres Arbeitstages Ihre persönliche Leistungskurve. Wichtige Aufgaben sollten Sie in Ihren produktiven Stunden erledigen.*

- *Ganz wichtig sind die Stillen Stunden – Zeiten, in denen man nicht gestört wird, sodass man sich konzentriert seinen wichtigsten Aufgaben widmen kann.*

Literatur

Bücher

- Friedrich, Kerstin; Malik, Fredmund und Seiwert, Lothar: **Das große 1 × 1 der Erfolgsstrategie.** EKS® – Die Strategie für die neue Wirtschaft. 20. Aufl. Offenbach: Gabal 2014.
- Küstenmacher, Werner Tiki; mit Seiwert, Lothar: **Simplify Your Life.** Einfacher und glücklicher leben. 16. Aufl. Frankfurt / New York: Campus 2008.
- Seiwert, Lothar: **Ausgetickt: Lieber selbstbestimmt als fremdgesteuert.** Abschied vom Zeitmanagement. 2. Aufl. München: Ariston 2011. (auch als Hörbuch und als E-Book erhältlich).
- Seiwert, Lothar: **Balance Your Life.** Die Kunst, sich selbst zu führen. 4. Aufl. München: Piper 2010.
- Seiwert, Lothar: **Das neue 1 × 1 des Zeitmanagement.** Zeit im Griff, Ziele in Balance. 35. Aufl. München: Gräfe und Unzer 2013.
- Seiwert, Lothar: **Die Bären-Strategie: In der Ruhe liegt die Kraft.** 7. Aufl. München: Ariston 2011. (auch als Hörbuch, gesprochen von Ilja Richter)
- Seiwert, Lothar: **30 Minuten Work-Life-Balance.** 18. Aufl. Offenbach: Gabal 2014.

- Seiwert, Lothar: **Lass los und du bist Meister deiner Zeit.** Mit Konfuzius entschleunigen und Lebensqualität gewinnen. 2. Aufl. München: Gräfe und Unzer 2014. (auch als Hörbuch erhältlich: Argon)
- Seiwert, Lothar: **Noch mehr Zeit für das Wesentliche.** Zeitmanagement neu entdecken. 5. Aufl. München: Goldmann 2014.
- Seiwert, Lothar: **Simplify Your Time.** Einfach Zeit haben. Frankfurt / New York: Campus 2010. (auch als Hörbuch erhältlich)
- Seiwert, Lothar: **Wenn Du es eilig hast, gehe langsam.** Mehr Zeit in einer beschleunigten Welt. 16. Aufl. Frankfurt / New York: Campus 2012. (auch als Hörbuch erhältlich)
- Seiwert, Lothar: **Zeit ist Leben, Leben ist Zeit.** 2. Aufl. München: Ariston 2013.
- Seiwert, Lothar und Gay, Friedbert: **Das neue 1 × 1 der Persönlichkeit.** Sich selbst und andere besser verstehen mit dem persolog-Modell. 26. Aufl. München: Gräfe und Unzer 2013.
- Seiwert, Lothar und Tracy, Brian: **Life-Leadership.** So bekommen Sie Ihr Leben in Balance. 2. Aufl. Offenbach: Gabal 2007.
- Seiwert, Lothar; Wöltje, Holger und Obermayr, Christian: **Zeitmanagement mit Microsoft Outlook.** Die Zeit im Griff mit der meist genutzten Bürosoftware – Strategien, Tipps und Techniken. 9. Aufl. Köln: O'Reilly 2013. (mit zusätzlichen Videolektionen im Web)

Wöchentlicher Newsletter *(kostenlos!)*

- **SEIWERT-TIPP: 1 Minute für 1 Woche in Balance.** Ihr persönliches Erfolgscoaching mit jeweils *einem* konkreten Tipp zu den vier Lebensbereichen Job, Kontakt, Body & Mind. Kurzer, knapper e-Newsletter mit praktisch umsetzbarem Sofort-Nutzen (**kostenlos,** erscheint wöchentlich), zu abonnieren unter: **www.Lothar-Seiwert.de**

Social Media

 Follow me on **twitter**:
www.twitter.com/Seiwert

 Become a fan on **Facebook**:
www.facebook.com/Lothar.Seiwert

Register